百变的 3D 打印

张勇　徐莉　编著

电子工业出版社·

Publishing House of Electronics Industry

北京 · BEIJING

内容简介

本书以科普读物的方式介绍 3D 打印技术，展现生动有趣的 3D 打印世界。大家通过一个个案例故事就可以逐渐了解 3D 打印技术的前世今生、巨大优势，以及尚待解决的问题。

本书分为 3 个部分，涵盖 30 个应用领域，讲述 55 个案例故事。第 1 章对 3D 打印技术的相关专业知识进行简单介绍；第 2 章帮助读者较为全面地了解 3D 打印技术如何在各种不同领域发挥特有作用并给人们带来惊喜，如何解决过去难解之题，这些案例能激发读者的想象，激励人们更进一步开发利用 3D 打印技术；第 3 章对 3D 打印技术的优势和问题进行了讨论和评价，读者可以客观地看待 3D 打印技术。

由于作者长期工作在中学德育教育和科技教育第一线，在本书结尾语中给出对青少年的期待，期待本书能给大家带来乐趣，能引起大家对 3D 打印等智能技术的兴趣，期待你们成长为祖国的科技栋梁。

图书在版编目（CIP）数据

百变的 3D 打印 / 张勇，徐莉编著 . —北京：电子工业出版社，2016.9

ISBN 978-7-121-29694-9

Ⅰ . ①百… Ⅱ . ①张… ②徐… Ⅲ . ①立体印刷 – 印刷术 – 普及读物 Ⅳ . ① TS853–49

中国版本图书馆 CIP 数据核字（2016）第 189526 号

策划编辑：张 楠
责任编辑：张 楠
印　　刷：中国电影出版社印刷厂
装　　订：中国电影出版社印刷厂
出版发行：电子工业出版社
　　　　　北京市海淀区万寿路 173 信箱　邮编　100036
开　　本：787×980　1/16　印张：6　字数：102 千字
版　　次：2016 年 9 月第 1 版
印　　次：2016 年 9 月第 1 次印刷
定　　价：29.00 元

序
Foreword

党和国家领导人指出，中国要通过互联网 + 双创 + 中国制造 2025、通过大众创业 + 万众创新来催生新工业革命，推进中国制造的智能转型，强调科技创新、科学普及是实现创新发展的两翼，要把科学普及放在与科技创新同等重要的位置。党和国家领导人的这些话语使我心潮澎湃，使我更加意识到自己作为中学科技教育工作者所肩负的责任。中学科技教育是希望之田，我愿努力耕耘。

有趣的是，中德两国总理在 2015 年的会谈中提出了"中国制造 2025"与"德国工业 4.0"的战略对接，而我曾经工作的中学与德国的一所中学是友谊学校，彼此开展友好往来多年。作为中学基层教育工作者，我很想看到我的学生未来能具有国际视野，他们将会是中国科技和中国智能制造不输于国际先进水平的人才保障。

近些年，随着 3D 打印技术不断涌现出新科技潜力，我看到了国家对于发展 3D 打印技术的决心。然而，在日常工作中，我发现虽然目前有不同版本的专业 3D 打印学习教材，但缺乏适合中小学生的 3D 打印科普读物。3D 打印是高科技技术，但同时也是有趣的技术、不断被创新使用的技术，为什么不用一种有趣的方式来引领学生进入这个五彩缤纷的世界呢？在与学生的日常接触中，我看到了一旦学生对某个事物感兴趣，他们会非常主动地投入钻研。我愿当一名引路者，点燃他们对 3D 打印等智能技术的兴趣。

经过思索，我决定以科普书的方式来介绍 3D 打印技术，并且侧重介绍国外 3D 打印各种最新应用案例，尽力使用生动的语言，让孩子们感觉是在听故事。

正是因为科普书与专业教材不同，我同时也期待本书能像一把钥匙，为那些尚未接触过 3D 打印技术的成年人开启大门，使他们也能轻松地对 3D 打印有个较为全面的了解。

我相信带着兴趣和问题去学习是好的学习方式。我期待本书能激发读者对 3D 打印的想象力，当他们带着无限遐想再去学习专业 3D 打印教材时，就没有了枯燥感，而会更加主动、更有目标。我期待更多人能展开创意之翼，自由翱翔在创客之域。

这些年在基层教育工作中，我感受到了国家对中学科技教育的重视，经历了中学科技教育工作外延和内涵的不断延展和深入，欣喜地看到中学科技教育正逐渐形成一个集机器人、航空模型、无线电测向、模拟飞行等多个项目为一体的科技竞赛体系。在国家为我们营造的有利大环境中，很多科技教师挥洒着辛勤汗水，无私奉献。我衷心感谢那些默默无闻地奋斗在一线的科技教师。例如，与我并肩作战的知春里中学物理教师梁占东，工作勤勤恳恳，利用工作之余指导学生无线电测向等科技项目，学生在他的指导下获得了北京市第一名的优异成绩。

我也非常感谢我的学生，他们在社会大课堂中努力认真，赢得了各种荣誉。教学相长，他们的努力坚定了我为中学科技教育工作付出的决心，他们的成绩也引发了我对现代科技的持续关注。我最初是从事德育教育工作，后来承担科技教育管理工作，现在我感觉只有不断了解科技发展，与时俱进，与学生共成长，才能使自己在这个科技大变革的年代不掉队。

我也感谢云上动力（北京）数字科技有限公司总经理贾一斌先生和副总经理李向丽女士。他们邀请我参加了由中国工程院卢秉恒院士和西交大教授主讲的 3D 打印知识讲座，参观了 3D 打印展览，使我有机会从大师那里深刻了解 3D 打印技术的重要意义，从科技企业的角度来观察国内 3D 打印发展的状态，使我更近距离地接触了 3D 打印世界。同时我也要感谢北京 3D 打印研究院，研究院为我提供了参观和拍摄 3D 打印实物图片的机会，并在参观中专门为我讲解。

我还要感谢北京 3D 打印研究院副院长赵新教授和亚太机器人创始人岳鹏先生，他们对我的工作给予了支持与鼓励，并欣然为本书撰写推荐词。此外，在本书的策划出版过程中，还有教育行业内的许多朋友给予了持续关注和帮助，我也在此表示感谢。他们是瓦力工厂机器人构建中心总经理李慕先生、北京优成长教育科技有限公司总经理章炜女士、北京神州万有科技有限公司科技总监刘电锋先生、北京科技报社青少年科教部主管张海燕女士、北京令博梦想机器人科技有限公司董事长孟磊先生、北京康邦科技有限公司副总裁刘培柱先生、北京学立通教育科技有限公司总经理李玉刚先生、北京中科青创科技有限公司总经理张凌云女士和北京精优科技有限公司董事会主席王丰先生。

最后，我要感谢本书的第二作者。作为我的妻子，她非常支持我的工作，在我的影响下她也对 3D 打印等智能科技产生了兴趣。由于她的激励，我萌生了编写本书的想法，也正是由于她认真收集汇总资料，我才能最终顺利完成本书。有趣的是，她自行绘画完成了本书的插图工作，虽然画得稚嫩，但认真态度可见一斑。

本书不仅是我对自己这些年工作体会的一个注解，更是大家共同智慧的结晶，方方面面的努力汇集在一起才有了这本趣味科普书。我愿以本书为使者，与大家交流学习，为读者打开广阔的思维之门。我愿做一颗铺路石，奉献自己的绵薄之力，激发更多人对 3D 打印技术和智能科技的热爱。启智求真，实现梦想，让我们携手前行。

张勇

2016 年 7 月于北京海淀

目录
Contents

在中国，《西游记》的故事算是家喻户晓，唐僧取经路上磨难重重，多亏有徒儿的陪伴和相助才能到达西天取回真经。谁都知道，如果没有齐天大圣孙悟空的高超本领，唐僧哪能逢凶化吉，躲过九九八十一难，并最终修成正果呢？

妇孺皆知、皆爱孙悟空，有没有人想有个孙悟空一样的伙伴来助自己一臂之力实现梦想呢？现实生活中真有像齐天大圣一样会七十二变的助手吗？

如果告诉你，你可以像唐僧那样，拥有一个神通百变的助手，你会相信吗？接下来，你会看到一些假设、设想、想象，它们貌似是在开玩笑，但其实已经真实发生。看过这些后，如果你已经感到惊奇，那么你就哪儿也别去了，多花点时间看看我们向你展示的丰富多彩的 3D 打印世界吧，因为 3D 打印就是我们每个人都可以拥有的齐天大圣孙悟空，它就是可以帮助我们实现梦想、神通广大的得力助手。

假想 1

我也有玩具喽

如果你的同学有个玩具，你很喜欢，爱不释手，可这是人家爸爸从国外出差买回来的，而你的爸爸又没有到国外出差的机会，那该怎么办呢？别急，3D 打印机可以帮助你，因为它可以打印出一个一模一样的玩具，当你把 3D 打印的玩具拿给那位同学看时，他也许以为你爸爸也去外国出差了呢。等他知道新玩具是用 3D 打印机打印出来的，你就准备回答他的一堆问题吧！

假想 2

💡 我的牙齿好啦

如果你参加学校运动会，赛跑时不小心摔掉了几颗牙齿，同学和老师们七手八脚地把你送到医院，牙医给你止了血、上了药，但是说你要安假牙，而且要来医院几次才能最终完成。相信这时的你一定要傻掉了，怎么办呀？总不能耽误上课呀！如果你的牙医会使用 3D 打印技术，那么他就能在较短的时间里给你做出贴合牙床的牙齿，并且给你舒舒服服地安上。这样你不仅不会痛苦，而且还不用浪费那么多宝贵时间。

假想 3

💡 妈妈，节日快乐

如果母亲节快到了，你想给妈妈一个惊喜，以前你已经给妈妈送过围巾、玫瑰花、护手霜等礼物了，这次你想来个新奇礼物，怎么办呢？你也可以求助 3D 打印呀。比如用 3D 打印机做出一个漂亮的台灯，把妈妈的照片打印在灯罩上，等你一开灯，柔和的灯光就可以映衬出妈妈温柔的微笑，这会是一个多么贴心而特别的礼物啊！

假想 4

💡 没钱不妨碍我有航模

如果你是一个航模爱好者，但是航模太贵了，你现在用压岁钱根本就买不起，再说压岁钱也已经理财了。这该如何是好呢？你可以 3D 打印你想要的航模呀。只有你想不到的航模，没有 3D 打印做不出的航模。3D 打印机的航模一定能满足你对航模的渴望。

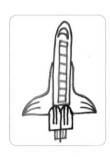

包罗万象

先天马行空地想到这里吧，3D 打印机能做出来的东西实在是太多了：小汽车、房子、衣服、美食……衣食住行，不一而足，包罗万象，后面我们将一一介绍。需要说明的是，很难有书可以把 3D 打印的应用范围一口气给说全了，因为 3D 打印的应用实在是无边无际。

还在膨胀

虽然 3D 打印机已经可以打印很多很多东西了，可是科学家和工程师们还不满足，他们不断拓展 3D 打印空间。谁知道今后 3D 打印的使用外延最终能有多大呢？也许会像宇宙大爆炸一样，爆炸后不断膨胀，3D 打印的应用范围也会不断膨胀，最终打印出你闻所未闻的有用东西来。现在是不是感觉只有你想不到的，没有 3D 打印做不到的呢？

3D打印面面观

第 1 节　3D 打印是如何进行的

以前"高大上"，难怪无人问津呢

3D 打印技术已经使用 20 多年了，由于一直用于工程设计领域，大多数人都不太了解。在工程设计领域，这种技术叫作"快速成型技术"，使用的材料是塑料或金属粉末，打印机的核心部位是可由计算机控制的激光。最初这种技术主要用来生产样机，技术人员对样机进行改进，样机合格后再开始工厂生产，这样就可以减少耗材、降低成本、提高产品性能，因此多应用于飞机和汽车制造等"高大上"的领域。

终于降低身段了，老百姓也来消受吧

现在 3D 打印技术已经开始真正用来生产制造了，而不是停留在生产制造的初始阶段，不是仅仅用来做模型或样机。同时，由于 3D 打印的成本逐渐下降，它也开始逐渐进入大众市场。也许今后 3D 打印机在家庭中的普及，就会像现在家家拥有的电视机、电冰箱和手机等产品一样。值得庆贺的是，一旦 3D 打印技术走进大众的生活，就会给人们带来无穷无尽的乐趣，变不可能为可能，使我们的生活多姿多彩。

玩过积木？那就好办了

如果刚一开始你觉得 3D 打印不太容易理解的话，那么可以把 3D 打印机想象成一个生产车间，在这个车间里，一层层薄薄的东西被叠加、组合到一起，最后就变成另外一个东西。

再说得形象点儿，3D 打印就好像搭积木一样，你把一个个积木搭在一起，最终会成为一座宫殿或其他什么东西。只不过 3D 打印用的"积木"没有你的积木那么厚，而是很薄的一片片材料，只有一毫米的几百分之一那么厚。

见过梯田？那就更好办了

还有一点不同的是，你的积木是现成的各种各样的形状，而 3D 打印使用的那个一片片的"积木"，是需要 3D 打印机现做的。比如说，3D 打印机通过激光照射粉末状材料，把激光照射部位的粉末状材料融合在一起，这样就形成一个片，然后照此方法打印出不同形状和尺寸的片，这些片片不停地被打印出来并随时被组合在一起，既像搭积木，又像开凿梯田，最终成为一个让我们眼睛为之一亮的物体。

再有就是，你搭积木要么是按照图纸来搭，要么按照自己想象的样子来搭，而 3D 打印机的"图纸"是构成一个物品的每一个点的三维数据，这些数据通过 3D 扫描仪扫描生成，或者是通过建模软件来生成。3D 打印机按照这些三维数据一气呵成打印出作品，就省去了工厂里的裁切、焊接、安装等好几个步骤，既节省时间，又避免了人工出错的情况。

💡 **"打印机"大哥说:"扫描仪"小弟,哥就靠你了**

对于 3D 扫描仪,我们多说几句。如果你手头有什么爱不释手的东西,比如一个金戒指,想通过 3D 打印做个复制品,此时你就会需要 3D 扫描仪。借助 3D 扫描仪,你可以获得手中金戒指的三维数据,然后就可以连接 3D 打印机直接打印出来。可以说,3D 扫描仪的先进程度也影响着 3D 打印技术的应用范围。

目前,3D 扫描仪还算强大,能够在一分钟内完成对人体的扫描。对于大型物体,如汽车、轮船、坦克或者纪念碑等,现在也有强大的 3D 扫描仪了。虽然这种扫描大型物体的 3D 扫描仪精确度不能达到微米,但是可以精确到 0.2 毫米的程度,这也是不得了了。目前 3D 扫描一辆小汽车大概需要不到 20 分钟的时间。随着技术的不断进步,以后的 3D 扫描仪一定能更加精确、更加快速,那时候 3D 打印的效果自然也就更上一层楼了。

第 2 节   3D 打印机使用何种材料

巧妇难为无米之炊,3D 打印机用什么材料来打印物品呢?可以是各种不同的材料,如塑料、陶瓷、钛合金、铝、其他金属、有机材料、食品、碳纤维等。

俺俩就是不一样

同一种材料也还有不同类型。例如，有的塑料是从玉米中提炼的可降解聚乳酸塑料（PLA），有的塑料是丙烯腈-丁二烯-苯乙烯塑料（ABS）。好长的名字啊，一个东西有这么长的名字，它能降解吗？的确 ABS 不可降解。

另外，PLA 材料打印起来比较容易、比较快，与打印板贴合比较好，就好比盖楼房时地基打得比较牢，而且打印过程中散发出比较好闻的味道，嗅觉和视觉都得到了享受。ABS 材料耐高温，有较好的持久性，但是打印起来比 PLA 材料要困难些，而且味道不太好闻。对于初学者来说，还是使用 PLA 材料比较好，打印快，失败率又低很多。谁都不希望一开始就不停地失败吧？

谁是功臣

说到金属材料，有高镍合金钢、不锈钢、铝合金、钴铬、镍基超合金、纯钛、钛合金、铜合金，以及黄金、白金、钯金、银等贵金属。听起来都快晕了吧，等上了化学课后，你逐渐就会了解这些各不相同的金属材质了。对于金属材料，需要多表一句，它算是为 3D 打印技术建立功勋的元老功臣，3D 打印技术在一些领域的快速发展就得益于金属材料的使用，尤其是低成本的金属材料，使得人们可以用 3D 打印技术来替代传统的生产方式。

巧妇有米下锅

各种不同的材料要为 3D 打印机所用，就必须是颗粒细小的粉末状或液态的，3D 打印机自己有办法把粉末状颗粒结合在一起，或者把液态材料固化，这就好比厨师能把面粉做成生日蛋糕，把牛奶做成奶酪。还有一些 3D 打印材料是细线一样的形状。

不同的材料性能不同，可以用来打印做成不同的东西。例如，可以用塑料打印杯子，用陶瓷打印艺术品，用钛合金打印下颌骨，等等。另外，种类繁多的金属材料已广泛用于医疗、航天、珠宝、汽车等领域。总之，可供 3D 打印机使用的材料种类越多，3D 打印机就越能做出丰富多彩的东西，3D 打印技术就会越有用，人们就会越来越喜欢 3D 打印并且离不开它。

我的材料更厉害

现在很多国家都开始重视 3D 打印技术了，也许今后要判断哪个国家的 3D 打印技术厉害，就要看谁能用 3D 打印技术做出新式有用的玩意儿，还有就是看谁能发现更好的打印材料。

难怪一下冒出那么多

打印材料多种多样，3D 打印机又会是怎样呢？不同的 3D 打印机使用不同的打印方法，需要不同性能的打印材料，所以目前 3D 打印机不是通用的，一种打印机只能使用一种打印材料。你会看到有塑料 3D 打印机、金属 3D 打印机、食品 3D 打印机等，不一而足。

第 3 节　3D 打印是否价格昂贵

💡 3D 打印机身价不一，选择多多

3D 打印机贵不贵，要看它的用途和大小，用途不同，大小不同，价格也就会不一样。

3D 打印机有大有小，小的只有一个手提包大，大的则像电话亭那样，这都取决于你要打印的东西的大小。工业生产用的 3D 打印机比较贵，适合个人使用的 3D 打印机就便宜了，总之从几百美元到几千美元不等。

3D 打印机本身也涉及一些专利技术。这些年来，随着这些专利技术保护到期，人们更多使用这些技术，逐渐做出越来越快且越来越便宜的 3D 打印机。比如，当熔融层积成型（FDM）专利保护到期后，市面上出现了很多 FDM3D 打印机；当数字激光投影（DLP）和立体光固化成型（SLA）专利到期后，又出现了很多 DLP3D 打印机和 SLA3D 打印机。

> FDM3D 打印机：打印机喷头快速移动并喷出热的溶液，溶液迅速冷却堆积。
>
> SLA3D 打印机：紫外激光头对液态树脂层层扫描产生光聚合反应，后面一层粘在前一层上。
>
> DLP3D 打印机：与 SLA 打印机比较相近，只是因为扫描方式不一样，一扫就一片。

💡 有便宜的 3D 打印材料，掂量着用吧

3D 打印的成本包括材料的成本，一般来说个人使用的材料相对比较便宜。例如，一

卷轴的塑料丝大概花费 50 美元，这些足够打印一个城堡玩具套装，而在商店里买这样一个套装大概需要 3 倍的钱。

人们常说便宜没好货，选择 3D 打印材料也不能只图便宜，因为不好的材料会损害 3D 打印机，尤其是喷头部分，甚至最后会使整个机器报废。

应运而生的 3D 打印服务

如果你不想买 3D 打印机，只是想用计算机软件来设计可以 3D 打印的东西，你可以联系专门提供 3D 打印服务的公司，把数据发送给这样的公司，他们会帮你打印出来然后寄给你。你只需要向公司支付 3D 打印的费用。这就好比你自己设计好名片，然后找路边的图文快印小店帮你打印出来，而你只要交打印费就行了。

走平民化路线的 3D 扫描仪

3D 扫描仪也是 3D 打印不可或缺的工具，那么 3D 扫描仪是什么价呢？看看下面这个故事来了解一下吧。

加拿大有个年轻的 3D 扫描公司，2013 年在多伦多成立。就像很多中国创客公司获得国家的鼓励和扶持一样，这家公司也受益于加拿大政府对企业创新的积极扶持。2016 年它获得了来自政府商业创新投资计划的 85 万加元扶持资金。

这家公司名字比较有趣，叫"物质与形式"，是由一群 3D 设计师成立的。当时他们需要高质量的 3D 扫描仪，但是市面上的 3D 扫描仪太贵了，买不起，于是决定自行研发。反正自助者，天助之。

为了成立公司，这群没钱有技术的设计师只好采取众筹的方式，没想到众筹非常成功，这也坚定了他们的信心。小荷才露尖尖角，很快他们就出成果了。那是一款质量不错的 3D 扫描仪，售价仅为 400 加元，拥有一对激光和一个高清传感器，还可以彩色扫描，能够捕捉的细节达到 0.43 毫米，3D 扫描文件的输出格式有 STL、OBJ、PLY、XYZ 和 PTX。

众筹是指依靠大众力量，向群众募资，用来支持各种活动，如灾害重建、创业发展和科学研究等。有了互联网，创业者和创客们可以在网上发布众筹筹款项目，向网友募集，获得项目启动资金，踏上实现梦想的征程。

年轻公司的创新速度就是快，"物质与形式"准备在 2016 年秋季推出新一代 3D 扫描仪。它不仅体积小，而且可以直接插入智能手机的耳机插孔，把智能手机变成一个小巧扫描仪。预计零售价只有 79 加元。有了这么物美价廉的 3D 扫描仪，看来 3D 打印今后也能越来越平民化了。民间有高手，有了新装备，我们就看云集民间的高手怎么"开耍"3D 打印技术吧！

第 4 节　3D 打印技术怎样帮助我们

总体来说，3D 打印技术可以从两个方面来帮助人们。

 1+1>2，创造过程

从无到有

第一个方面就是你可以天马行空，任意发挥想象力和创造力，设计出这世上还没有的东西，然后用 3D 打印机做出来，这是一个从无到有的创造过程。在这个过程中，人负责思考，体现人是高级动物的特点，3D 打印机负责制造，也就是干体力活。当然在这个从无到有的创造过程中，你需要有 3D 建模软件的帮助。

脑洞大开

在这里不得不多说一下，经过脑科学家研究发现，人的大脑可以储存高达 5 亿本书的信息量，人脑的潜能几乎接近于无限，但到目前为止，人类普遍只开发了大脑的 5%。而有了 3D 打印技术，人就可以把原本的累活脏活甩给机器，自己就专心思考、学习，设计创新，攻克一个个技术难题。

我在故我思

你可以闭上眼睛想想，这会是多么美妙的事情：每天你都思考着，不再墨守成规，一点点地创造着让这个世界更加美好的事物。也许你泡温泉时得到灵感，然后成为下一个阿基米德；也许你在果园里散步时有了灵感，茅塞顿开，就像当年牛顿被苹果砸中后发现万有引力定律一样；也许你每天思考着、设计着，最后比爱因斯坦还厉害，因为你更多地开发利用了你那原本聪明的大脑。

想当年 17 世纪时，法国哲学家、数学家、物理家笛卡尔说"我思故我在"，现在有了 3D 打印技术，我们是否可以达到"我在故我思"的人生境界了呢？

1+1=2，制造过程

第二个方面就是对于这世上已有的东西，3D 打印技术可以帮助我们得到完美的复制品，这是从一种存在方式到另一种存在方式的制造过程。比如说，你的牙齿掉了，医生可以使用 3D 扫描仪，建立你这颗牙齿的三维数据，然后 3D 打印出一模一样的牙齿，最后帮你安上。又比如，你在北京看到了"鸟巢"，那是 2008 年奥运会时的比赛场馆，你很喜欢，你就可以用 3D 扫描仪扫描"鸟巢"，建立一个三维数据模型，然后 3D 打印出一个微缩版的"鸟巢"。

第 5 节　3D 打印技术能带来什么改变

有了 3D 打印技术，人们期待着并准备迎接一场新的工业革命。今后人们会有两种想法，一个是"我要设计一个什么东西"，另一个就是"我要 3D 打印一个什么东西"。至于"什么东西"，那就多了去了，可能是笔筒或眼镜，也可能是汽车或房子。

第一次工业革命的关键词：18 世纪 60 年代到 19 世纪中期，蒸汽时代，蒸汽动力驱动机器。

第二次工业革命的关键词：19 世纪 70 年代到 20 世纪初，电气时代，电力驱动机器。

第三次工业革命的关键词：从 20 世纪 40 年代开始，原子能技术、航天技术、计算机技术为代表。

谁说我不行

当你掌握了 3D 打印技术后，你就可以成为工厂主、企业家、发明家，你的脑子有智慧，你自己就可以设计开发，然后 3D 打印出你的产品，你可以不雇佣工人或只雇佣少量工人，却制造出复杂而有创意的高精尖产品。如果你的产品符合别人的需要，他们就会向你购买，或者向你定制他们心目中的产品，这样你的创意工厂就可以运营。如果你喜欢建筑设计，你就可以运营一个建筑设计的创意工厂。如果你喜欢首饰设计，你就可以开办一个首饰设计的创意工厂。当然根据你的兴趣爱好，你也可以开办玩具创意工厂或者艺术品创意工厂等等，你会有广阔的发挥空间，你会惊喜地发现原来世界是属于你的。

创客有力量

一直以来，我们国家把工人、农民和知识分子作为国家建设的重要力量。随着 3D 打印技术的广泛应用，这是否意味着工人的数量将不断下降，代之而起的是更多的知识分子，是那些被称为"创客"的新人群？估计到那时，歌曲《咱们工人有力量》也会有个《咱们创客有力量》版本了。

创客：是指这样一群新新人群，他们出于兴趣和爱好，动手动脑，努力把创意变为现实，乐于分享，追求美好生活。

这样的生活，我期待

你可以再想象一下，今后的世界，没有了一个个浓烟滚滚的工厂，代之而起的是隐在家庭院落或书房中的小工作间或小作坊。当你每天在家里设计并 3D 打印出产品后，你可以开网店来卖自己设计制造的产品。当网上有越来越多大大小小的 3D 打印物件出售时，每天为了去上班而奔走在路上的人会越来越少，城市里少了车

马喧嚣，多了在河边或林中散步思考的人，他们从大自然汲取设计灵感，这个世界会因此变得更美好。我们赖以居住的城市会不会因此少了很多雾霾，多了很多APEC 蓝呢？哎呀，如果继续沿着这个思路想下去，3D打印技术还真不得了，它是不是真的还能帮助我们国家实现节能减排，履行有关气候变化的国际公约啊？我们拭目以待吧。

3D打印的神奇应用

第 1 节　3D 打印与医学

我们知道，一些人遇到意外，身体受伤严重，最终只好求助修复术，而修复是一个漫长而痛苦的过程。现在有了 3D 打印技术，再有人出现缺胳膊断腿或缺损什么身体部件时，就可以在更短的时间内获得更加舒适好用的义肢或假体。

 这样的假牙还不赖

2014 年，荷兰的一家大学医疗中心开展了一项特别手术，用 3D 打印技术为病人做义齿。那个病人的上颚严重受伤，医生从病人身体中取出一小节骨头，植入病人的上颚部位，这一步与现在的修复术一样，还没什么特别。但是，6个月后，医生在上颚骨安上医用螺丝，用来固定 3D 打印的义齿。这次 3D 打印义齿与传统方法制作义齿大不相同，节省了 6 个月时间，也就是说病人的痛苦可以缩短 6 个月，而且精确度达到一毫米的十分之一，比现有方法制作的义齿要好用很多，病人戴上后感觉很舒服。这次手术传递了一个好消息，那就是以后不再需要病人适应义齿了，而是义齿来适应病人。其实本来就应该这样嘛，只不过只有技术进步时，人们才真正享受到了。

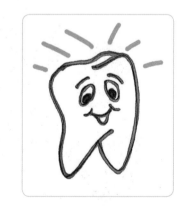

硬骨头是这样炼成的

韩国小姑娘笑了

韩国有个十几岁的小姑娘，她不幸患了骨癌。本来她的主治医生想采取肿瘤切除手术和术后化疗的方法，但是担心这种方法对青少年有害，会影响这个小姑娘以后的行走能力，也就是说会影响她今后的生活质量。看来，医生需要考虑的问题还是挺多的，负责任的医生还会考虑病人的未来。

考虑到小姑娘的情况，主治医生决定使用 3D 打印技术来帮助她。如此善心也成就医生完成了开创之举。主治医生做出了韩国第一个 3D 打印的骨盆，并且给小姑娘成功进行了移植。由于 3D 打印的骨盆很精确，在手术中很容易安装，手术时间从一般所需的 8 小时减少到 6 小时。更为重要的是，小姑娘术后恢复得很快，这个新式骨盆将来还能很好保护她的脊柱。小姑娘又开始梦想美好的未来了，脸上也终于露出甜甜的笑了，是医生给了她第二次生命，也是 3D 打印给了她第二次生命。

和亚当的肋骨一样厉害

3D 打印技术对医疗的帮助还真不少，这不，美国华盛顿州立大学的科学家发现，可以用 3D 打印机来制造骨头。首先他们发明了一种类似骨头的陶瓷粉，就是在磷酸钙粉末中加入硅和氧化锌，因此磷酸钙的强度会增加一倍。然后他们改装了一个原本使用金属材料的 3D 打印机。这台打印机把塑料粘合剂喷到一层层陶瓷粉末上，每一层的厚度只有人的一根头发粗细的一半。打印机就这样层层打印，直到最后做出一个骨架。

接下来，研究人员清洗这个骨架，再把它放入 1250 摄氏度的高温中烘烤。此时你是不是感觉这样的骨架足够硬了？可是令人奇怪的还在后面呢，这个骨架可以使新细胞附着生长，随着骨细胞和骨组织的不断生长，这个骨架却逐渐发生降解，并且不产生明显的副作用。最后，真正的骨头长出来了，而这个 3D 打印的骨架却消失了，它已光荣地完成了任务，做了"无名英雄"。

用这种方法，研究人员创造出了骨头，并成功地在兔子和老鼠身上做了试验，残疾人一定期待这种方法能尽早在临床使用。起初，上帝用亚当的一根肋骨创造了夏娃，现在，3D 打印用人造骨头去帮助亚当和夏娃的孩子们。你也许会想，以后还需要残疾人运动会吗？

人脑组织，也敢打印

我国在医学领域使用 3D 打印技术也有突破。一家公司设计并 3D 打印了大脑硬膜，这可是世界上第一个 3D 打印的大脑硬膜，可以在大脑手术中使用。

> 大脑硬膜，它是一层薄的组织，其中又分为两层。大脑硬膜能把大脑组织限制在头盖骨中移动，能保护脑血管。在大脑外科手术中，医生需要切开大脑硬膜，以便对脑组织进行手术。手术结束后，需要把这层保护膜恢复原状，目前医生采取缝合和贴补的方式来完成修复，这就好像巧媳妇缝补衣服。

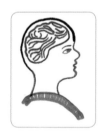

这里，你又会见识一位"无名英雄"。3D 打印的大脑硬膜其实是一个框架结构，大脑细胞和组织附着在其上生长，差不多 2 个月的时间，病人的脑膜逐渐长好，而 3D 打印的脑膜则逐渐降解成水和二氧化碳，没有任何毒性。3D 打印的大脑硬膜全部降解后，病人大脑中就不再有任何外来材料，只有自然重生的脑膜组织。

如何描述这位来自 3D 打印的"无名英雄"呢？春蚕到死丝方尽，蜡炬成灰泪始干。消失的 3D 打印脑膜就是那吐丝的春蚕，照明的蜡烛。

可以说，有了这种 3D 打印的脑膜，医生做大脑手术就有了新方法，病人也因此受益。需要说明的是，医生使用的 3D 打印材料与通常的材料不同，是水基胶，也叫水溶性粘胶剂，这种材料可以刺激人体的胶原蛋白产生。

更让人振奋的是，这家中国公司的 3D 打印产品已经在全球很多医院和医疗组织使用，其中 3D 打印大脑硬膜在 2011 年就获得了欧盟 CE 认证，并已出口到了欧洲和美国，连知名的剑桥大学附属医院也使用这个产品。据统计，已有 1 万多名病人在手术中使用了这种 3D 打印脑膜，至今还没有出现一例不良反应。

> CE 认证：欧盟的强制性安全认证标志，不论是欧盟的产品还是其他国家的产品，要在欧盟市场流通，必须要通过欧盟安全认证，获得 CE 标志。

缺器官？那就打印吧

人类由于环境污染、食品污染和精神压力等各种原因，身体内脏器官生病的机率越来越高。如果最终某个器官坏了，只能期待移植一个健康的器官了。可是哪有那么多器官被捐献出来供移植呢？更何况捐献的器官与等待移植的病人也不一定相配。

面对稀缺的器官供应，不同的人有不同的反应。有打歪脑筋想坏点子的，干起了非法买卖器官的勾当。当然也有让这个世界充满爱和希望的人，其中，科学家们就开始尝试使用 3D 打印技术来解决问题，通过不懈努力，已能使用一些生物材料 3D 打印细胞、血管和人体组织。

糖还有这个作用

比如，最开始美国宾夕法尼亚大学的科学家尝试用合成细胞来一层层 3D 打印人体组织，不过中途他们遇到了问题。在人体组织打印的过程中，合成细胞就死了，最后打印出来的组织也只能是个没有生命的组织。科学家发现，当这些合成细胞被紧密排列在一起时，相互之间会夺取养分和氧气，最终导致全都窒息而亡。后来，宾夕法尼亚大学决定与麻省理工学院合作，共同进行研究。考虑到糖遇水溶解的特点，他们使用糖来 3D 打印组织结构，在这个组织结构中留出血管的位置，然后在这个组织结

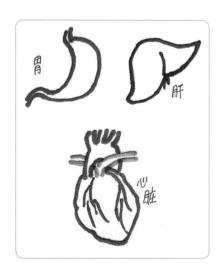

构周围覆盖上细胞，最后用水冲掉糖。在这里，糖起到了一个模具的作用，是用来布置细胞的。用这种方法就可以做出肝脏、心脏等重要的人体组织。

人可以更长寿

目前 3D 打印人体组织和器官仍处于研试阶段，还有一些生物和化学问题需要解决，还没有做出真正可供移植的 3D 打印器官，但科学家们的努力已经使我们距离可使用的 3D 打印器官越来越近。一定会有那么一天，一些危重病人不用苦熬时间等待配型符合的器官，那个时候 3D 打印的功劳何其大啊！这是不是说，有了 3D 打印的器官，人的寿命就可以不断延长，未来人们可以装配着 3D 打印的器官，乘坐着 3D 打印的航空器，去拜访宇宙中其他的生命体。难以置信，却也未必不能成为现实。

小白鼠解脱了

此外，我们知道，新药在获得临床使用批准之前，都要经过动物测试，但是即便通过动物测试，也未必表明新药对人体没有伤害。如果能够使用生物 3D 打印机做出人体器官，那今后就不需要在动物身上进行新药品测试了，直接在 3D 打印出来的人体器官上做测试就可以，这不仅减少了对动物的伤害，还使药品检测结果更为准确。如果小白鼠知道的话，一定会特别高兴吧？它们以后不用再当牺牲品了，只要当宠物就好了。

心脏手术，那不是闹着玩的

心脏手术是风险很大的复杂手术，但是美国医学界已经能够为病人 3D 打印心脏模型，这样医生在手术前可以仔细观察病人的心脏模型，观察病灶，提高手术的成功率。

为了制作精确详细的心脏模型，心脏医生使用多种成像技术，借助 CT 扫描来获得病人心脏的外部解剖结构，借助 MRI 扫描来获得病人心脏的内部信息。此时，CT 扫描和 MRI 扫描就好比 3D 扫描仪，医生获得扫描数据，接着就能用 3D 打印做出病人的心脏模型。原本只有临床经验丰富的医生才能看明白平面扫描图，以后病人和家属也可以通过 3D 打印模型来清楚了解病灶和病情。

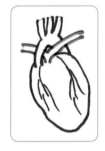

CT：计算机断层扫描，利用精确的 X 线束、超声波、或 Y 射线，以及灵敏的探测器围绕人体的某个部位做一个接一个的断层扫描，从而检查出疾病。

MRI：磁共振成像，对人体施加射频脉冲，使人体的氢质子发生磁共振，停止脉冲后质子产生磁共振信号，这些信号被接收并成像。

这种技术将很快在美国全国铺开使用，当然这么好的事情大家都想做。荷兰一家 3D 打印公司名叫 Ultimaker，名字真够霸气，可以翻译成"终极创客"。它和飞利浦公司合作，正在努力开发一种新的 3D 打印机，能够自动 3D 打印 MRI 片子。这样一来，普通人就能够像医生一样掌握自己的病情，医生解释起来更简单了，病人听起来也更明白了，而且医生手术前也可以有更加充分的准备，大大提高手术成功率。

怎么，西医也成中医了

有没生过病的人吗？没有吧。那都吃过药吧。有时候，医生给开一堆药，那你就要看好了，一天几次，一次几粒。如果哪次给忘记了，大家是不是也就稀里糊涂地算了呢？当然，对于救命药，比如降压药，大家是不能采取这种无所谓的态度的。

3D 打印能不能帮一下忙，帮帮健忘的人们呢？其实还真行。目前已经有 3D 打印制配药物的方法了。3D 打印机可以按照医生开出的药方，把不同的药物成分经过一定的配比组合起来，最后打印成一种药物，病人就不用头疼自己要吃好几种药了，而且每个病人都可以有针对自己病情的药物，这样的药物更加有效而且副作用更小。

如此一来，原来是中医把不同的中药组合成一个特定药方来给每个病人治病，病人回家一锅煮成汤药服用，现在西医也可以像中医一样，按照每个病人的具体病情，把不同的药物成分组合成一种 3D 打印药。看来，有了 3D 打印技术，原本繁琐或复杂的事情可以变得简单，原本被动的事情也可以变得主动。其实，科技进步的过程，不就是人们的生活从繁到简的过程嘛。

当然，需要说明的是，现在的 3D 打印技术还只是做出了配方相对简单的药物，至于以后怎样才能更好为人们服务，还将有一个发展过程，但是其发展空间会是不可估量的。情不自禁想到了太上老君，他用仙炉炼仙丹，不就是把各种仙草的药效成分组合起来，最后炼成一颗长生不老大药丸吗？太上老君的那个仙炉也太老了吧？现在他可以改用 3D 打印机了。

第 2 节　3D 打印与航天

与传统制造相比，3D 打印需要的材料要少得多，做出来的东西也要轻很多，这个特点是飞机设计师特别看重的。飞机设计师已经用 3D 打印技术，做出了更轻的飞机零件，并开始使用，不过目前还仅限于飞机舱内的部件。飞机重量减轻后，就可以降低燃油消耗，这之后的好处当然会是节约钱和保护环境。目前，科学家们还正在研制用 3D 打印机来制作飞机涡轮机的喷油嘴，这样的喷油嘴可以提高飞机的飞行效率。也许，随着 3D 打印技术的进一步发展，我们今后乘坐的飞机大部分部件都是用 3D 打印机做出来的呢。

很多人看过美国的科幻剧《星际迷航》，一代又一代的舰长带领船员们探索银河系，寻找新世界。现实中，3D 打印技术能帮助人类飞向其他星球吗？

飞向火星

美国、中国、俄罗斯都开始了对火星的探索，并且期待火星能成为人类的第二个栖息地。想象一下，如果在人类飞往火星途中，航天飞机上的某个零件出现了问题，备用零件也已经用完了，那该怎么办呢？总不能再返回地球修理吧，那何年何月才能到达火星啊。这就需要在飞行途中在航天飞机上就地解决问题。

克服失重

　　美国国家航空航天局（NASA）已经开始考虑在太空进行 3D 打印来解决上述问题。美国航天员已经在国际空间站成功做出 3D 打印零件，所用的 3D 打印设备是由美国加利福尼亚州的名叫"太空制造"的公司特别设计的，这款打印机可以在失重状态下工作。

　　"太空制造"公司在设计这款打印机时，在模拟失重状态下进行了检验，但还是担心打印机到了太空后能否顺利工作，比如说，由于 3D 打印机是层层打印，打印出来的每一层在太空失重状态下能否均匀冷却？能否固定得住？如果固定不住，那问题可就大了，想想看，一片片 3D 打印出来的东西，在空间站里乱舞，损兵折将不说，还要破坏站里的各种精密仪器，后果不堪设想。庆幸的是，这款打印机还算争气。航天员发现，在太空失重状态下，3D 打印的零件还是能够紧紧贴合在打印平台上，这的确让人振奋。

地面和太空一起忙

　　3D 打印机需要三维数据才能打印出立体东西，美国国家航天航空局是通过地面控制台，把一系列三维工程样本数据发给远在国际空间站的 3D 打印机，然后 3D 打印机执行打印指令。最后打印完成的物品还要被送回地面，进行一系列严格审查，只有这样才能准确了解在太空可以 3D 打印什么零件投入太空使用。

　　虽然 3D 打印机已成功完成了在太空打印的任务，但关于太空 3D 打印还有很多问题需要钻研，因为无论是在国际空间站打印，还是今后在航天器上打印，都必须保证空间站和飞行器的绝对安全，否则机毁人亡，悔之晚矣。

我们期待 3D 打印技术能陪伴人类踏上太空之旅。在人类前往其他星球途中，不用事先为每个部件准备备用零件，只需带上 3D 打印材料，在途中根据需要临时打印就行了。

第 3 节　3D 打印与航海

从大学生潜水艇展望未来

英国华威大学有 6 个学生组成了潜水艇研究小组，他们来自不同的专业，但是在机械和制造工程方面都有很强的实力。他们建造的潜水艇在欧洲国际潜水艇比赛中获得了好名次，这足以证明他们的专业水平。

> 欧洲国际潜水艇比赛是由欧洲举办的国际大学生潜水艇比赛，每两年举办一次。比赛要求大学生自行设计、建造参赛潜水艇，潜水艇只能通过人力来操控，也就是由一个潜水员操控，不能使用任何其他动力装备。对于潜水艇其他部分的设计，参赛队伍可以自由研发。

华威大学的学生曾在 2014 年比赛中取得了好成绩，对于 2016 年 7 月的比赛也是信心十足。当然他们不会打无准备的仗，这一次他们对潜水艇进行了改造，许多零件使用 3D 打印的方式来制作。比如，他们使用 3D 打印机制作了潜水艇的鳍和足、推进器的保护罩和叶片、紧固件、设备外罩和内部操控零件。除了推进器的叶片外，他们使用的材料是 ABS-M30，这种材料比 ABS 材料还强大，而且用它制作的复杂几何结构性能表现稳定，用它做出的潜水艇在复杂环境中仍可以顺利运行。

这次使用 3D 打印技术来加工制作零件，制作速度比以前使用传统制造技术提高了90%，耗材降低 75%，节省了 2000 英镑到 3000 英镑的开支，这使得研究团队能够在学校研究资金有限的情况下仍能高质量完成参赛潜水艇的制作。

　　6 人研究小组给这个 3D 打印版潜水艇起了个颇具传奇色彩的名字，叫"戈迪瓦 2 号"。我们在期待他们获得比赛好成绩的同时，也期待他们今后开发出能自由驰骋在海底世界的潜水艇，更期待 3D 打印技术能给更多人带来传奇经历。

　　约在 1040 年，统治英国考文垂的伯爵决定征收重税，伯爵夫人戈迪瓦恳求伯爵减轻百姓负担。伯爵大怒，决定让夫人赤裸身躯骑马走过城中大街，如果老百姓全留在家里不去偷看的话，伯爵便会宣布减税。戈迪瓦这样做了，百姓都躲在家里，最后伯爵只好宣布全城减税。这就是著名的戈迪瓦夫人传说。

第 4 节　3D 打印与电动车

 限量版电动车

　　国际上有两大飞机制造公司，一个是美国的波音公司，还有一个是欧洲的空客公司。2016 年 5 月空客公司推出一款震撼的电动自行车。

　　制造飞机的大公司生产电动自行车，想必是小菜一碟吧，而且质量一定不赖。的确，这款电动车好就好在材料、设计和制作方法上。空客公司有专门研发材料和技术的部门，他们研发了一种可以用于 3D 打印的铝合金粉末，这种材料抗腐蚀，比钛合金坚固，韧性也更好。在设计方面，为了减轻自行

车框架的重量，他们对非承重部分采取了孔状的设计方式。整个框架使用 3D 打印技术一气呵成做出，缆线、管子、螺丝孔都融在整个框架结构中同时打印出来。如果没有 3D 打印技术，空客公司无论多厉害，都无法开发这款电动自行车，因为传统的打磨焊接技术达不到这个要求。

对了，空客公司为此次推出的电动自行车起名为 "Light Rider"，英语单词 Light 既有 "光线" 的意思，也有 "轻便" 的意思，按照这款自行车的设计和制作方法，它的中文名字还是叫 "轻盈行者" 更贴切吧。现在我们从数据方面看看 "轻盈行者" 吧。与同类电动自行车相比，这个行者的确身轻如燕，整车重量 35 公斤，3D 打印的框架只有 6 公斤。"轻盈行者" 会不会就像行者武松，脚力了得啊？

空客这次先做出 50 个限量版该款电动车，售价为 5 万欧元。贵也难怪，谁叫它是空客生产的呢，而且还是限量版。看来目前这个好东西也只有有钱人才能享受了。不过，我们能看到，不论是小公司，还是大公司，现在都对 3D 打印技术很着迷，而且时不时就会开发出一款款有趣的 3D 打印神器，来撩拨大家好奇的神经。

第 5 节　3D 打印与军事

这个中学生把美国人吓了一跳

一名中国学生自己设计了一架名为 "捕食者" 的无人机，并用一家中国 3D 打印公司的 3D 打印机制作了出来，打印过程总共花费了大约 50 个小时。这架无人机从机头到机尾只有 54 厘米，双翅 135 厘米，重量只有 500 克。当这家中国 3D 打印公司把这架无人机在蓝天飞翔的照片放到网上后，不曾想竟然引发了一些美国人的恐慌。当了解到这架无人机只是一个模型，不能飞行，更没有任何杀伤力，在蓝天飞行是用图像处理软件做出的，美国人这才算把心放在了肚子里。

看来，一个国家的技术力量非常重要，尤其是军事技术实力，各国都不甘落后，也不敢落后，大家都拼命研发或购买，以求相互达到一种制衡状态。当一个国家领先拥有某种先进武器时，一定有其他国家闻之色变。

全力开发无人机

英国皇家海军的目标

我们来看看英国的情况。英国科学家和工程师已经为英国皇家海军构想了 2050 年的发展目标。届时，海军军舰将会配备 3D 全息控制台、透明的丙烯酸外壳、激光和电磁武器以及直接在舰上 3D 打印的无人机机群。

第一次试验

为了达到目标，英国已经开始行动了。2015 年 7 月，英国皇家海军试验了一架 3D 打印无人机，它从军舰上安置的一个 3 米长弹射器上起飞，几分钟内飞行了约 500 米远，最后成功在海岸着陆。它的翼幅有 1.5 米长，飞行速度可以达到每小时 58 英里。如果按照这个设计速度，此次无人机的试验不算非常成功，因为理应每分钟飞行一千多米。

当然，这款 3D 打印无人机的表现还是可圈可点的。它很轻，重约 3 公斤，它又很"重"，未来将轻松参加复杂战斗环境。它的重量轻，是源于使用了尼龙材料，3D 打印机的激光可以把尼龙粉末热熔成固体结构。它的意义很大，是因为它成本低、制作快，可以满足英国海军在军备资金和军事快速反应等方面的需求。3D 打印这款无人机花了 24 小时，冷却再花 24 小时，也就是从 3D 打印机接收打印指令开始到最后拿到无人机的 3D 打印组件，共需要 48 小时。无人机的组装用不了 5 分钟，而且无需任何螺丝螺钉。

第二次试验

2016 年 4 月，英国皇家海军又开始尝试用 3D 打印的无人机巡航南极地区。无人机从巡洋舰上起飞，在高空拍摄周围海域的详细画面，再回传给巡洋舰。无人机由巡洋舰上的电脑控制，飞行速

度为每小时 60 英里。机身上安装的一个小马达可以保证安静飞行，提高了隐蔽性。造价一万美元，比海军直升机一小时飞行的耗费还要低廉。

未来战斗充满高科技

目前，英国正在研发无需组装的无人机。正是由于 3D 打印的无人机体积小，重量轻，成本低，英国海军已经加大开发利用，来提升作战装备。今后，3D 打印的无人机完全可用于军事侦察任务，可用于复杂的战斗环境，例如，可以协调舰队待命和随时战斗，可以在卫星系统失效时提供通信支持，可以作为加油机延长其他飞机的飞行里程。未来，英国海军还要编制空中机群，把 3D 打印的无人机投入实地作战中，让其发挥至关重要的作用。

第 6 节　3D 打印与执法

法网恢恢，疏而不漏

无人机除了用于军事侦察，还可以用于执法活动。目前已经有人开发出了一款可以追踪非洲偷猎者的 3D 打印无人机。这款无人机使用太阳能和氢气作为动力，这些都是绿色能源，不破坏环境。机上安装了一个 90 克重的照相机，总重约 170 克。无人机安装了图像辨认软件，通过一个远程网络来传递加密信息，而且它的云控制系统可以使在任何地方的任何人来控制它。当偷猎者自以为神不知鬼不觉在非洲大草原上肆意猎杀大象等动物，做着发财梦时，他们都不会搞明白自己是怎么被发现，并最终被一手擒拿的。到时候，他们只有束手就擒的份儿了。这样的无人飞行机真有点儿美国海豹突击队的感觉。

看你还往哪里跑

　　想一想，这个方法是不是也可以让城管们利用一下呢？我们知道，城管们每天到处巡逻，追踪无照经营的小商贩，可是小商贩在长期与城管的"斗智斗勇"中已经知道怎样在城管尚未到达时就消散于无形。如果使用这种远程操控的无人机，是不是能解决一下问题呢？

第 7 节　3D 打印与动物

　　3D 打印技术在医学领域逐渐广泛应用，人们获益匪浅。与此同时，3D 打印技术也为动物们带来了福音，动物也同样可以从 3D 打印技术中获得救助。

鸟缺什么都不能缺鸟嘴

　　2015 年 8 月，巴西有两只大嘴鸟嘴部不幸严重受伤，庆幸的是，人们用 3D 打印技术救了它们。在听这两只大嘴鸟的福音故事前，我们还是先了解一点儿有关鸟类的知识，具体说就是鸟嘴的那些事儿。

鸟嘴的那些事儿

　　鸟类的嘴巴对于鸟的生命来说至关重要。首先，像人类一样，鸟类需要靠嘴来进食，补充生命所需的能量。其次，鸟嘴就如同人手，因为鸟需要依靠嘴来猎食。如果接着告诉你，嘴对于鸟比手对于人还重要，你会诧异吗？可是想想看，你看到过没有手甚至是连胳膊都没有的人吧，他们还能活着，但是如果鸟没有嘴，那就只有面临死亡。这是因为鸟嘴还有一个重要功能，一个关乎鸟类生死存亡的功能。想象一下，即便一个会游泳的人，如果穿着厚重的衣服掉到河里，衣服被河水浸湿后变得很重，最后这个人可能会累到体力丧失，游不到岸边。如果鸟没有嘴，它也会有同样结局。鸟儿们用嘴来啄羽毛，而啄羽毛其实是啄身上的腺体，这些腺体被啄后就分泌油脂，油脂可以防止鸟羽毛沾水，也就是防止鸟儿溺亡。这就好像你用梳子不断地梳头，头油就逐渐出来了，洗头发时，油腻腻的头发不怎么吸水，水珠会顺着头发流下来，而头发还是那般油腻，只有用洗发液去除头油了。

命运不济的两只鸟

现在我们来听听巴西那两只大嘴鸟的故事吧。那两只大嘴鸟生活在不同的城市里，它们一不小心把那么重要的嘴给弄伤了，而且伤得很重，都在死亡线上苦苦挣扎。好在很快被人们发现，并被交到了医生手里。于是两个不同城市的医生就分头开始了争分夺秒的救援工作。

为了叙述方便，我们姑且把这两只大嘴鸟分别叫作"飞飞"和"翔翔"。

飞飞也不知道是不是因为开小差，在海岸飞翔时一不小心撞到了房屋窗户上，结果把那么重要的嘴给撞坏了，上半部少了一大块。翔翔则是人们在非法鸟市上发现的，当时它的嘴就已经残缺了，不知道是不是因为走私者在偷运时把它的嘴给弄坏了。

救飞飞

在救飞飞时，医生首先想到的是给它移植一个已逝去的大嘴鸟的嘴，但是没有成功，因为一方面很难找到大小和形状很相符的鸟嘴，另一方面安装时使用的是牙科树脂材料，粘鸟嘴不太牢固。于是医生想到了 3D 打印，他们先是 3D 扫描了另一只类似大小的大嘴鸟的嘴，对三维数据进行调整，然后使用 PLA 材料 3D 打印出来，手术安装只用了一个小时。手术后飞飞终于能够进食了。

救翔翔

至于可怜的翔翔，医生先是花了 2 个月时间为它设计了一个嘴。与救治飞飞的方法有所不同的是，这组医生通过扫描翔翔自己的嘴来获得三维数据。在扫描过程中还有一个小插曲。我们知道，人与鸟相互语言不通，人不懂鸟语，鸟也不懂人话。翔翔不明白医生对它动手动脚地干什么，不明白医生需要为它进行 3D 扫描，需要它的配合。它在 3D 扫描过程中是不可以动的，否则会影响扫描的准确性。为了解决这个问题，就只有在扫描前给翔翔打麻醉药。但是为了保护翔翔，医生们只给它注射了最小剂量的麻醉药。迷迷糊糊的翔翔在扫描中还是动了动，所以扫描的结果不是最好，最后医生只好把扫描数据与照片修复技术结合起来。编辑好三维数据后，医生用 ABS 材料为翔翔打印了鸟嘴，使用了一种特殊树脂作为粘合剂，还在 3D 打印的嘴上涂了一层无毒瓷釉，这层瓷釉可以使假嘴和真嘴的颜色相近。咦，这不就是烤瓷牙嘛。有了这个 3D 打印且烤瓷的嘴后，翔翔最终能正常进食了，而且还恢复了它的猎捕本性，开始捉虫子吃，还用嘴来啄羽毛。

怎么样，这两只不幸中万幸的巴西大嘴鸟成了 3D 打印技术的受益者，会不会动物们也期待着作为万物之首的人类不断努力发展科技呢？

残疾小鸭子又可以走鸭步了

一只印度独腿鸭

2016 年 4 月，印度有一只一岁左右的小鸭子，因为得益于 3D 打印技术，也成为不幸中的幸运儿。它先是很倒霉，遇到了一次事故，结果失去了一只腿。后来，遇到了好心人，帮它联系了外地的一家 3D 打印小公司。

这家小公司是由两个年轻人刚刚创办的，他们为公司起了个有趣的名字，叫 "3D 进行中"。虽然两人以前没有用 3D 打印做过假肢，但当他们得知这小鸭子的情况后却热情满满，非常想通过自己掌握的技术来帮助这只小鸭子。

两个年轻人要来了小鸭子的三维数据和照片，他们要精心设计一只假肢，必须是能够让小鸭子灵活运动的假肢。经过一阵子的努力，他们终于完成了数据设计，然后仅用了两小时就 3D 打印出来了这只假肢。

考虑到鸭子喜欢在水里嬉戏的习性，他们使用了 ABS 材料。这种材料是一种合成树脂，是使用最广泛的通用塑料之一，有很好的抗冲击、耐热、耐低温、耐化学药品等性能，强大耐用。为了让小鸭子能够优雅自如地活动，而不是像个"傻小子"似的直愣愣地走路，两个年轻人采取的办法是把假肢分成几段，中间用非常灵活的接口相连，这样就保证小鸭子能最大程度地自由活动，真正走出接近标准的鸭步。

两个年轻人用 3D 打印做出这只假肢后，特别兴奋，他们俩欢天喜地，赶快寄给了小鸭子的看护人，看护人接着就去找当地的兽医来给小鸭子安假肢。这个经历让这两位印度年轻人更加渴望不断探索、挖掘 3D 打印技术，他们渴望为更多受伤的动物们安装假肢假体。他们图的不是钱，而是想证明 3D 打印技术可以低成本地做很多东西，做很多事情，这些能给人们带来意想不到的惊喜。

一只美国跛脚鸭

正是因为 3D 打印技术能神奇地帮助有缺陷的小动物，这不是嘛，2016 年 5 月，家住美国佛罗里达州的桑雅也向会 3D 打印的人们发邮件求助了。桑雅养的小鸭子才两周大，天生腿部残疾，就是腿比较短，无法够到地面，必须用嘴帮助才能行走。桑雅实在不忍心看着小鸭子未来终生被残疾折磨，于是就写了求援信。这封电子邮件现在就登在国外一个 3D 打印行业信息网站上。相信很快，桑雅的小鸭子就会得到热心人的救助，会成为 3D 打印技术的又一位受益者，重获新生。

第 8 节　3D 打印与仿生

你听说过仿生学吗？动物和植物的一些特性给人以灵感，人们模仿它们造出了有用的东西，这是大自然给人的馈赠。雷达就是模仿蝙蝠发明出来的，迷彩服就是模仿蝴蝶设计出来的，直升飞机就是模仿蜻蜓造出来的，还有苍蝇、蜜蜂、跳蚤等等都启发人们发明了许多有用的东西。

在 3D 打印的世界里，科学家同样可以从自然界获取灵感，开发新材料，设计新玩意儿，然后 3D 打印出来。比如说，设计师在设计可以 3D 打印的飞机零件时，就考虑到了鸟的骨头很轻、很稳定的特点。又比如，在设计 3D 打印机器人时，研究人员也是得益于对蠕虫、海星和章鱼等动物的观察，最终开发出混合了塑料和橡胶的材料，使得机器人成为外柔内刚的救险能手。

🔆 海胆在海底，还要管天上的事

2015 年美国国家航空航天局（NASA）公布了火星探索计划。为了能够一步步实现这个大胆而充满幻想的计划，美国国家航空航天局已从方方面面开始了准备工作。

许多科学家也希望能为这个计划大显身手。加利福尼亚大学的工程师和海洋生物学家也不甘寂寞，他们发现目前美国在探测太阳系行星的土壤时使用一种铁锹状的钻探收集装置，这种装置略显笨重，有必要设计一种更为轻巧、更为有效的收集装置。

这个团队中的海洋生物学家首先想到了海胆。海胆的嘴非常特别，有 5 个三角形状的牙齿呈放射状排列，这张嘴不仅能够吃东西，还能当工具来使用。海胆的嘴尖利无比，能在海底石头上凿出一个窝，供自己栖身之用。海洋生物学家有了想法，如果能给小型太空漫游飞行器安装一个类似海胆嘴的装置，不就可以很简单地解决问题吗？小型飞行器飞到火星后，就可以利用这个装置来钻探、收集火星土壤。

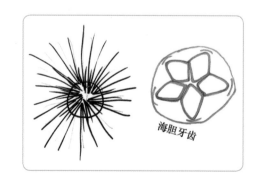

海胆牙齿

术业有专攻，海洋生物学家提供的信息太重要了。于是这个研究团队开始认真观察海胆的嘴，尤其是每颗牙齿的形状和牙齿之间的关联。他们还不忘使用 3D 打印技术，用 3D 显微镜进行扫描，对海胆嘴的特殊结构建立了数字模型，并且在完成 3D 设计后用 3D 打印机做出了模型。通过 3D 打印技术，研究小组不断对模型进行完善。在模拟火星土壤的实验中，目前的装置模型已经能够成功完成土壤钻探和收集任务。

看来，继续朝着这个方向努力，一定能有突破。这个研究团队继续努力，精益求精，他们期待今后的研究成果能被美国国家航空航天局看中，能在美国的火星探索计划中派上用场，一试身手。

第 9 节　3D 打印与机器人

它，软硬通吃，刚柔并济

混合材料

随着机器人应用的不断推广，大家对机器人也不觉陌生了。这里想告诉大家的是，现在已经有 3D 打印的机器人了，这个听起来是不是感觉很陌生？这种机器人的特别之处不仅仅在于是 3D 打印的，更在于它的 3D 打印材料。

研究人员在开发材料的过程中，对章鱼深入观察，最后就有了灵感，可以说这是大自然给予勤奋的人的馈赠。那些工作人员发现章鱼身体软而嘴很硬，从身体到嘴巴逐渐从软变硬，是个绵里藏针的家伙，是个刀子嘴豆腐心的好家伙。于是他们想到，可以使用软、硬两种材料合成一种新材料。接下来还真就开发出了一种混合塑料和橡皮的材料，并且用这种材料 3D 打印出了一个 2 斤重的机器人。

混合材料机器人

这种混合材料机器人有三条软腿，能够减缓冲击力。它的上半身分为上下两部分，上部由 9 层从软到硬的材料依次构成，下部是软软的肚子。上半身里安放着关键零件，例如电池、氧气筒、乙烷室、空气压缩机和燃烧室。

这种机器人怎样移动呢？想象一下，当你参加跑步比赛时，裁判一喊"预备"，你就会蹲下，身体前倾，做出起跑动作，而我们的机器人则是给自己的腿充气，同样身体向目标方向前倾。接下来裁判一声枪响，你拔腿就跑，而我们的机器人就开始在燃烧室中燃烧氧气和乙烷，此时它的肚子会向外曲，接着它就弹跳起来。这一跳可不得了，它能连续跳 30 多步，高度达到身体的 6 倍。侧跳的距离较短，只有身体一半的宽度。如此能跳的机器人，看来的确是需要多长一条腿的。

现有的两种机器人非软即硬

我们可以把这种机器人与现有的机器人进行一番比较，来更好地认识一下这个新家伙。现有的机器人有两种，一种是身体比较硬的传统机器人，另一种是近两年研发的身体比较软的机器人，而使用混合材料通过 3D 打印技术制作的机器人是软硬混合的机器人，属于软硬通吃型。不免就想，这种软硬混合机器人一定能折腾，施展得开。

传统机器人 PK 混合材料机器人

传统机器人从内到外都是硬的，虽然体力还算了得，跑得快，瞄得准，体格壮，跳得高，但是它经受不了震动、刷蹭、扭曲和摔倒。而混合机器人属于"外柔内刚"型，虽然它跳的高度只是硬机器人的四分之一，但它更能经受跳跃后降落时的冲击。硬机器人连跳 5 下差不多就会摔坏，而如果把混合机器人从硬机器人跳跃的最高点往下扔，它能经受得了 35 次这样的折腾。

软体机器人 PK 混合材料机器人

软体机器人是科研人员受蠕虫和海星的启发而开发出来的，虽然外表和内部都够柔软，但它的移动不够快。软体机器人靠身体里的空气压缩机来驱动，压缩机给身体附件中的气道供气和排气，然后机器人就动起来。相比之下，靠爆破力来驱动的混合机器人速度当然要快很多啦。此外，软体机器人的缓冲力比混合机器人弱了四分之一还不止，它的"软"也算是徒有虚名了。

谁是明日之星

现在，你会不会觉得混合机器人是个能跳耐摔、柔中有刚、以柔克刚的小家伙？它有着亲和的外表，然而它不怕危险，会帮助人们参与救险，甚至成为救险能手，也算是明日之星吧。没有想到 3D 打印技术竟然帮助人们造出了性能更优的机器人，克服了现有技术所造机器人的一些弊端。以后的机器人会发展成什么样，又能为人们做出怎样的惊天之举，这些都需要依靠我们的丰富想象力了。

又一个传奇色彩的机器人

3D 打印技术与机器人的结合是情理之中的事情，具体事例只会层出不穷。比如，美国谷歌公司和波士顿动力公司意识到 3D 打印的作用后，一起合作开发、利用 3D 打印技术，他们非常看重 3D 打印技术与传统技术相比所特有的快速和精准特性，希望借助此项新技术来制作机器人身上的一些部件，通过优化机器人的部件进而来优化机器人的功能。

一份耕耘一份收获，经过努力，两家公司开发出一款人型机器人，取名叫爱特拉斯（Atlas）。机器人爱特拉斯体重 156 公斤，身高 1.88 米，一看就是个壮汉子，不免联想到希腊神话中那个被罚做苦役的大力神爱特拉斯。大力神爱特拉斯必须保持站姿，擎住天父，他无法动弹，而与大力神不同的是，机器人爱特拉斯有两条 3D 打印的腿，它可以在山地和树林中灵活行动。似乎它还是把名字改成"黑旋风"更好些。如果你哪天在树林里猛地看到它，说不定会吓一跳，搞不清是遇见李逵了还是撞到李鬼了。

第 10 节　3D 打印与人工智能

我们时不时会听说一些人用健康来换金钱，又有一些人用金钱来换健康。比如说，年轻人努力苦干，消耗健康换取财富；老年人体弱多病，终于想明白了，金钱生不带来死不带去，还是赶紧花钱买健康。也许最好的方式，是在积累财富与保持健康之间能有一个平衡。

在人脑和人工智能的关系上，也有类似的矛盾和平衡问题。一边是人们希望自己的大脑能够像电脑一样，储存很多信息并进行快速信息加工运算，一边是人们模仿人脑开发人工智能。也许最好的方式就是人脑和人工智能的有机结合。

💡 单干可不行

美国密西根大学风险科学中心主任梅纳德认为，要想实现人脑与人工智能的有机结合，就需要把许多不同的技术组合起来，而排在首要位置的就是 3D 打印技术，其次还有纳米技术和复杂的信息处理技术等等。

人脑有几十亿的神经元和几百万亿的神经突触，它们有机地组合在一起。在梅纳德教授看来，3D 打印技术可以帮助人们更好地解密人脑，并最终用于人工智能。现在可以 3D 打印人脑结构，但是问题是，如何才能做出人脑里无比精密又看似无穷无尽的神经连接呢？如果 3D 打印能做出含有人造神经元的电子设备，这也许就为人工智能开启另一扇大门。3D 打印要达到这一步，还需要有先进纳米技术的铺垫。

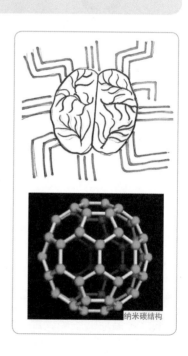
纳米碳结构

人工智能，谁与争锋

人们已经走在了人工智能的路上，而且不会停歇。情不自禁想知道未来会怎样。未来，3D 打印技术更加厉害，纳米分子制造技术更加先进，大数据信息处理技术更加精确，其他辅助技术也后来者居上，当所有这些技术结合在一起时，是不是就会诞生一种新的"物种"，就叫人工智能体吧。他们比人类更聪明，比人类更强壮，那时谁会是地球的主宰者呢？期待那时候，科幻作家阿西莫夫创想的三法则能成为地球的大法或宪法原则，也就是，各种衍生人工智能体必须为人类服务，必须接受人类的引导，服从人类的指令。

第 11 节　3D 打印与珠宝

要的就是心动

你的珠宝你设计

"爱与机器人"是一个新的珠宝品牌，这家位于爱尔兰首都都柏林的公司从一成立就追求把时尚和技术结合起来，在时尚创作过程中加入客户的互动体验，使客户成为时尚创作过程的重要部分。

人们的记忆总是和一个特定的时间、特定的地点相联系。如果多年过去了，你还能记得某天在某地的经历，那段经历对你一定有某种特殊意义。正是源于此，2016 年，这家公司成功尝试了一种珠宝制作方式，它让顾客参与珠宝制作过程，让珠宝拥有顾客独有的印记。

那天的风还在

公司开发了一款名叫"风动"的软件工具，存储了过去50 年世界各地的天气数据。顾客只要选择数据库范围内的日期和地点就行，然后这款工具就会模拟那个地方当天的风力，并用它来吹动一块虚拟的布料。顾客观察布料随风飘动的样子，如果感觉某一刻布料飘动产生的纹路好看，就可以按下暂停键，接下来，公司工作人员就使用 3D 打印机为客户做出那款特定纹路的珠宝首饰。这个首饰与顾客选择的特定时间和地点相关，那一定蕴含着什么难忘的记忆，首饰也因此成了人们对那段经历的一个寄托。

心动会不断

目前这家公司可用于制作首饰的材料有标准纯银、14k 金、14k 玫瑰黄金、镀金或镀玫瑰金铜。这家年轻的公司就像年轻人一样，不断通过新技术来赶超时代潮流，它还要探索更多材料和更多操作材料的工具，使顾客能以不同方式参与珠宝制作过程，让精美的珠宝增加个人印记，使顾客能拥有个性化首饰。

第 12 节　3D 打印与艺术

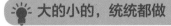
大的小的，统统都做

德国巴伐利亚州有一个名叫 Eos 的知名 3D 打印企业，它是由德国的一个物理学家在

1989 年建立的。这位物理学家造出的第一台 3D 打印机使用合成树脂为德国宝马公司打印了新汽车的模型。

Eos 总部大厅里摆放着希腊胜利女神塑像，这是完全按照保存在法国卢浮宫的希腊胜利女神雕像用 3D 打印做出来的，不仅大小一样，而且所有细节都打印得栩栩如生，感觉像是克隆出来的，又感觉是把卢浮宫里的那个给搬来了。这样的 3D 打印机就好像一个雕刻家，它不需要挥汗如雨就能做出巧夺天工的艺术品。

希腊胜利女神像是法国卢浮宫镇馆三宝之一，大理石雕刻，高 5.57 米，重 32 吨。女神展开双翼，站在船头，裙摆随海风飘扬。雕塑的头部和双臂早已遗失。

Eos 总部在大门入口处还摆着 3D 打印的小提琴，这是用 3D 打印机花一天时间做出来的小提琴。这把小提琴打印出来后，又安装了一些小部件和琴弦，完全可以用来演奏。据说用这把小提琴演奏曲子，外行感觉就是在听小提琴乐声，听不出与手工制作小提琴演奏的区别，只有音乐家才能听出其中的一些差异。这说明 3D 打印小提琴也还算是成功的，毕竟手工制作小提琴是一个细活，工序流程多，花费时间长，当然音质就有保障。顺便说一下，你知道吗，北京市平谷区东高村还是世界小提琴之乡呢，这里全部采用手工制作小提琴，做一把琴大约需要 45 天，经过 42 道工序，相比而言，3D 打印小提琴已经够省时间了。

💡 历史与现代的完美结合

艺术是需要丰富的想象力的，而 3D 打印技术就如同给想象力插上了翅膀，艺术家因此能够创作出与以往不同的作品。我们可以看看下面这个例子。

给公主的礼物

2015 年 8 月，英国一家工程和增材制造公司为英国皇室安妮公主制作了一个特别礼物，并在她出席公司创新中心的落成仪式时进行了赠送，公主也向公司颁发了女皇奖。

> 安妮公主是著名慈善家，也是曾参加奥运会比赛的唯一英国王室成员。1988 年她加入国际奥委会。她还是伦敦奥运会组委会成员。2008 年在北京奥运会贵宾欢迎宴上，她受到时任国家主席胡锦涛的接见。

这个特别礼物是什么呢？原来就是这家公司 19 世纪工厂总部建筑的 3D 打印复制件。

新老方法天壤之别

其实，几年前公司就制作了老厂总部的复制品，当时使用的材料是固体铝，制作方法是首先做出各个不同的部位，然后进行安装，最后的成品很重。

此次公司采用了 3D 打印技术，制作方法与以往大不一样。技术人员先是对以前的 CAD 设计进行编辑，增加一些可供粉末流动的渠道，很轻松地填加了一些建筑细节，比如屋顶的瓦片和窗户的造型等。建模完成后，使用钛材料和自主开发的 3D 打印机，一气呵成做出整件。由于打印出来后无需组装，而且整件是中空的，所以制作快，重量轻。

技术人员共花了 3 天时间完成打印。打印完成后，技术人员进行了必要的热处理来减少张力，还从 1802 年的老厂建筑中抽取了一块松木横梁，专门进行了防腐处理，最后把复制品安在了这个特别的松木基座上。

你可以想象一下，一个由现代 3D 打印技术做出的老厂复制品，配上用两个世纪前老厂松木横梁加工的基座，这完全是历史和现代的完美结合，是对公司成长的一个特别记录，当然会是一件珍贵的礼物。试想一下，如果你准备给亲朋好友赠送礼物，你会用 3D 打印技术来制作吗？你会用 3D 打印技术做一个什么样的特别礼物呢？

停不住的步伐

说到这个公司的历史，我们还需要提一下，其实 35 年前安妮公主就出席过公司的一次开工仪式。当时公司规模小，只有一个办公设施和大约 100 名员工。但是看看现在吧，公司已经在 33 个国家设立了 70 个办公室，在全球范围内雇佣了 4000 多名员工，而且产品范围广泛，可以制作大到飞机喷气式引擎和风力涡轮机，小到牙科和大脑手术用产品。

为了更好发展，公司又制定了一系列投资计划。这次安妮公主参加落成典礼的创新中心造价 3100 万美元，占地 153000 平方英尺（约 14214 平米），位于英国郊区公司的总部。这个创新中心为研发人员和服务人员提供了办公场所，而且还可以举办展会、培训和会议。此外，公司还在英国另一个城市建成了 90000 平方英尺（约 8361 平米）的办公设施，专门供 3D 打印部门来使用。

看来，这家历史悠久的英国公司虽说既有历史渊源又有现实实力，却仍不满足于现状；这对中国的 3D 打印企业是否能带来一些动力和启发呢？对你有什么启发吗？你能感觉到今后 3D 打印技术的巨大发展潜力吗？你愿意成为其中的一份子吗？

第 13 节　3D 打印与考古

💡 江洋大盗蔫了，盲人乐了

站在文物面前时

大家都去过博物馆吧？在博物馆你能看到很多历史文物或艺术珍品。可是你会想到这样的情形吗？在人们欣赏、爱惜文物珍品的同时，也会有人图谋不轨，向文物伸出魔爪。健全人可以欣赏艺术珍品，可是盲人是无法欣赏到的，他们总不能用手去摸吧。怎么办呢？

一箭双雕

日本一所技校的工业设计专业学生已经解决了这些问题，他们利用的就是 3D 打印技术。这些学生使用 3D 扫描仪来获取一尊佛像的三维数据，然后就 3D 打印出了这尊佛像。他们用同样方法还复制了当地博物馆里的其他一些文物。这些复制品惟妙惟肖，很难发现是复制品，即便被江洋大盗窃取也损失不大，反正还可以再 3D 打印，而且盲人可以通过触摸这些复制品来感知他们无法看到的文物珍品。多好呀，3D 打印技术不仅帮助了好人，还打击了坏人，功德无量啊！

挑战盖棺定论

定论就一定对吗

说起考古其实也挺有趣。有时候考古人员发掘出的文物正好能印证历史文献记载的史实，每当这时，搞历史研究的人们都会非常兴奋。但是事情也不尽然，有时候考古发掘出来的东西让考古人员和历史学家很困惑，他们大惑不解，某个文物到底是什么，以前是干什么用的。比如说吧，曾经在爱尔兰的一个名叫纳万堡垒的历史遗迹处，人们发现了一个神秘文物，它是一个铜质的圆锥体，专家认定是矛的底端，因此被命名为"纳万圆锥矛底端"。既然专家都这样说了，这事儿也可能就此盖棺定论了。可是人类的重大发现都是留给那些敢于挑战定论的人的。澳大利亚国立大学的一位年轻研究人员决定 3D 打印这个所谓的"纳万圆锥矛底端"，然后一探究竟。

推翻定论还原真相

既然这个文物是铜质的，这位锲而不舍的年轻人也用铜材料 3D 打印出了文物模型，与文物本身基本一致。接下来，这位年轻人就做了一件大家想也想不到的特别事情，他把这个模型安装在了一个与文物同时期的爱尔兰号角上。猜猜结果怎样，他很轻松地吹出了声音，而且音质比单用号角吹还要浑厚自然。

这位年轻人为什么会这样做呢？原来他一直被一个问题困扰，那就是为什么爱尔兰人在历史进程中经历了那么长时间才有了管乐器的吹嘴？这就好像是爱尔兰人曾经历了一个音乐的黑暗时代一样。可是这似乎有些说不过去呀。由于平常爱观察和思考，他发现同时期的爱尔兰号角上有连续长时间吹奏的痕迹，他感觉这种号角一定有吹嘴，而且吹嘴应该设计巧妙，这样吹奏者才能轻松地连续演奏几个小时，听众可以长时间享受美妙的音乐。最终，这位年轻人在已被定论了的"纳万圆锥矛底端"和一直困惑自己的爱尔兰号角之间产生了联想，于是决定 3D 打印一个"纳万圆锥矛底端"来看看，没想到竟然就成了，先异想后天开了。

从故事引申出的逻辑思考

一位澳大利亚年轻人、他喜欢的爱尔兰号角、爱尔兰纳万堡垒的铜质圆锥体、3D 打印机，这个组合共同成就了一个历史发现，还原了一个历史真相，否定了一个盖棺定论。在这个跨越了地球南北两个半球和两个大洲的神奇组合中，是年轻人成就了爱尔兰号角？年轻人成就了纳万圆锥体？年轻人成就了 3D 打印机？还是 3D 打印机成就了年轻人？3D 打印机成就了爱尔兰号角？3D 打印机成就了纳万圆锥体？

稍加思索，你是否就能意识到，缺少那位聪慧的年轻人，古代的爱尔兰号角还是那样缺少吹嘴，纳万圆锥体永远被打上"矛底端"的标签，3D 打印机最多也就打印一个所谓的"纳万圆锥矛底端"来供人们把玩。正是因为那位年轻人永无止境的思考与观察，一切都活了，3D 打印机成了年轻人的得力助手，所谓的"纳万圆锥矛底端"终于回归到了爱尔兰号角上，爱尔兰号角终于吹出美妙音乐，爱尔兰的音乐史是否要改写一下也未可知。

无声无息中发生

悄然改变

爱尔兰号角吹嘴的故事一定会让文物工作者兴奋，他们以后可以不必经过各种申请或登记手续才能呆在博物馆里研究文物，也不必担心按照传统方式做模型会损坏文物，而是完全可以借助于 3D 扫描和打印，在家里或办公室里或其他任何地方把玩文物模型，说不定他们也能有新的历史发现呢？

3D 打印技术就会在人们的激动和兴奋中悄然改变文物考古研究。

有实物有真相

也许一位中国人对埃及金字塔里的某个文物感兴趣，就可以联系埃及博物馆，埃及博物馆通过电子邮件发过来这个文物的 3D 扫描数据，这位中国人就可以 3D 打印这个文物，最后他就能对这个文物模型进行面对面的研究了。这就不仅仅是有图有真相了，而是有实物有真相。

第 14 节　3D 打印与玩具

就像可以 3D 打印艺术品一样，用 3D 打印机来打印玩具也已经不是什么新鲜事了。既然 3D 打印机可以造出古老文物的复制品和图案复杂的珠宝饰物，那么 3D 打印小朋友们的各种玩具简直就是小菜一碟的事情。人们可以设计出别具一格的新式玩具，然后请 3D 打印机出山，通过 3D 打印机的"巧手"来向众人展示设计师的"心灵"。在 3D 打印的世界里，"心灵手巧"这个词意味着人的心灵和 3D 打印机的手巧。有了 3D 打印机巧夺天工的"手"，人的心智就可以灵到异想天开的境界。

💡 着实风光了一把

游戏中的装备

美国有一款系列游戏产品，叫《毁灭》，讲的是人类与外星僵尸怪兽之间的战斗，外星怪物侵入地球，把人类变成食肉的怪物，最后的结局要么是人类灭亡，要么人类摧毁入侵者。但是人类所剩无几，剩下的人展开了与怪兽的艰苦战斗。

在险象环生的情节里有一个十分显眼的武器，叫作"大散弹枪"。玩过这款游戏的人也许想看看甚至是摸摸这个具有强大威力的武器装备吧？不成想，天底下还就是有这般猎奇之人，真把这事给做成了。

从虚拟到现实

伦敦有一家专门做在线 3D 打印分享的公司，2013 年才成立，为 3D 打印的设计师、创客和用户建立了一个分享和应用的平台。公司名字叫 MyMiniFactory，就翻译成"吾微工厂"吧。名字就透露了公司规模不大，可是这并不妨碍公司成员做事，做标新立异的事情。"吾微工厂"找了另外三家团队，分别负责 3D 打印的材料、3D 设计和上色美化。三个臭皮匠顶个诸葛亮，更何况这几个团队在各自的领域都还是各有建树呢，最终他们在2016 年 5 月推出了现实版大散弹枪。

这款大散弹枪比照游戏中的原型，按照 1：1 的比例3D 打印出来，使用了 20 公斤的 PLA 材料。想想看，如果使用金属材料，这个散弹枪会多重啊，只能让东方的鲁智深和西方的大力士去耍耍吧。使用 PLA 细线还有其他好处，就是几乎可以省去后续的打磨抛光工序，提高工作效率的同时还降低了人工错误的可能性。

此外，由于这款武器个头比较大，结构比较复杂，3D 设计师把它拆分成 70 个不同的部分。武器刚打印出来时，完全是"灰头土脸"，就好像刚出生的婴儿看起来全身脏脏的需要清洗一样，但是别着急，严阵以待的上色团队马上会接手，通过上色把它打造成一件艺术品。这个"玩具"就这样诞生了。

在现实中风光

这件 3D 打印的杰作长 100 厘米，宽 50 厘米，高 50 厘米，重量超过 12 公斤。整个作品耗时 1000 小时，其中设计工作 36 小时。当你看到这个具有现实质感、骨感的武器时，定会感觉它就是海军陆战队用来保护地球抵抗外星怪兽入侵的不二法器。不过需要提醒的是，这款通过 3D 打印技术克隆出来的武器装备仅仅是外形结构与游戏中的一样，它是不能当真武器用的，算是徒有其表、形似而实不至吧！不过 3D 打印技术也算风光了一把，把虚幻游戏场景中的东西搬到了现实中，让人们亲眼领略了其魅力。

第 15 节　3D 打印与美食

如果卖火柴的小女孩活到今天

英国埃克塞特大学的研究人员已经开发出了一款能打印巧克力的 3D 打印机。这款打印机可以用巧克力粉来打印出不同形状的巧克力，难怪一研制出来，就有一些食品零售商表示出了极大兴趣。美国康奈尔大学的研究人员也尝试开发了食品 3D 打印机，他们用液化的食物材料来打印食品。在中国，也有清华毕业生，辞掉众人羡慕的百万年薪工作，开发设计了煎饼 3D 打印机，引来一片啧啧称赞。

未来，也许我们在餐厅或超市就能看到 3D 打印的食品。或者，如果你家里买个食品 3D 打印机，你就可以不用做饭了，你可以指挥你的 3D 打印机做出色香味俱全的饭菜。卖火柴的小女孩会多么羡慕你啊，因为她擦一根火柴看到的香喷喷的烤鹅会随着火柴的熄灭而消失，而你点击打印指令后，你的 3D 打印机就会任劳任怨，直到为你做出滋着油花儿的北京烤鸭。

重担肩上挑

全球人口不断增加，需要更多的食品供应，就需要更多的家禽牲畜，最终全球温室气体排放只会增加。怎样才能既解决人类的吃饭问题，同时又减少全球温室气体排放呢？这可不是个小问题，是具有战略意义的问题。人是铁，饭是钢，一顿不吃饿得慌。没饭吃，人就会饿死。温室气体排放不断增加，气候就会异常变化，出现海平面上升、极端天气等灾害，最后也会死人。

对于大战略问题，也许小小的食品 3D 打印机可以肩挑重任，使用 3D 打印机来做食品也许不失为一个解决办法。目前，已经有一些 3D 打印公司应运而生了，它们就是想做出可供 3D 打印的人造蛋白质等材料，然后做出可以 3D 打印的人造肉等营养食品。现在已经有一些食品 3D 打印机，你只要把材料准备好，放进 3D 打印机，剩下的就不用管了，你该干什么就干什么去，只要最后记得来吃就行了。还有一种食品 3D 打印机，可以做几十种食品，例如糖果、烘焙糕点、肉制品、奶制品、水果和蔬菜等。

目前 3D 打印的食品从口感上来说也许不如厨师的亲手烹饪，但从外观上来看，确实足以吸引眼球。

好处多多

今后 3D 打印食品应该大有天地。比如对于年老或体弱多病的人来说，可以 3D 打印既美味可口又容易咀嚼消化的食物，他们就不用担心每天不得不面对浆糊般的糊糊了。再比如，有了 3D 打印食品后，航天员在太空工作时也不用担心吃饭问题了。目前美国国家航空航天局（NASA）正在尝试可以做匹萨的 3D 打印机。以后，有了功能丰富的食品 3D 打印机，你就可以请朋友到家里吃饭，你们可以一边聊天，一边等着 3D 打印机做饭，最后机器人把饭菜端到桌上摆好，你和朋友就直接享受一桌美食，不用下馆子，没了对地沟油的担心，还不影响聊天。也许，3D 打印机还真是"上得了厅堂，下得了厨房"的好帮手呢。

第 16 节　3D 打印与服装

女孩子天生爱美，也许会问，3D 打印可以做衣服吗？可以做出漂亮的合身衣服吗？

当知道答案是肯定的时，女孩子是不是眼睛要亮了？不过，也许又有人要问了，用 3D 打印机做出来的衣服是不是很硬啊，像个盔甲？是不是只能看不能穿的样子货？这些问题都很好，科技就是在人们不断提问和质疑的过程中一点点进步的。现在可以告诉你，经过 3D 打印爱好者的不断努力，已经有质地还算柔软的 3D 打印衣服了。

神器在手，巧夺天工

有技术含量的一支笔

在给大家介绍一款 3D 打印裙子之前，首先说一下 3D 打印笔。3D 打印机各式各样，种类很多，其中有一种和我们平常用的笔一样的神器，叫 3D 打印笔。这种笔使用 ABS 或 PLA 等塑料材料，对塑料进行加热，当熔化的塑料从笔端流出来时就迅速冷却变成稳定的固体结构。需要说的是，从塑料在笔中被加热融化到出来后即时冷却的过程，别看时间不长，却是个具有科技创新含量的过程，已经获得了专利保护。

蛋糕师早已为之

这时候你会想到什么呢？记得糕点师怎样做蛋糕图案吗？糕点师做蛋糕图案时，把奶油等材料放在裱花袋里，通过挤压裱花袋，材料就从裱花嘴里出来，蛋糕师按照自己脑中的设计，在蛋糕上裱出千姿百态的图案。恐怕 3D 打印笔和蛋糕师裱花是一个道理。生活处处皆学问，只要你有心，就会有发现、有领悟。

裁缝改行画画了

好了，现在回归正题，3D 打印衣服。2014 年，香港的一家时尚艺术公司就尝试使用 3D 打印笔做了一条裙子。这条裙子有着复杂好看的海洋贝壳图案，而且颜色也搭配不错，正面和背面是蓝色，两侧是白色，给人一种清新凉爽的海洋感觉。

整个做工花了三个月的时间，其中包括图案设计工作花费的时间和熟练掌握 3D 打印笔的时间。制作时，技师首先用硬纸壳做出了裙子的外形模型，用普通打印机来打印设计图案，然后把图案贴到硬纸壳裙子模型上，接下来 3D 打印笔就出场了，技师用 3D 打印笔把图案的每一条纹路都仔仔细细地雕刻在硬纸壳模型上，整个 3D 打印过程结束后，所有塑料纹路就已连接在一起变成了一条裙子，里面的硬纸壳与裙子相剥离，技师再加上扣子，这条裙子就从设计方案中走出来，活脱脱摆在人们面前了。

由于整条裙子使用的是塑料材料，3D 打印出来的线比较细，并且是不断变换角度勾勒打印，所以裙子的质地摸上去还算柔软。

就这么简单，你却泪奔

对于 3D 打印服装，人们兴趣很浓，大概是因为衣服太贴近生活吧，"衣食住行"首先说的就是穿。为了使用 3D 打印技术做出可供人们日常穿着的服装，科技爱好者还在不断努力研发。现在有使用尼龙粉末的 3D 打印服装，有铰链联接一个个三角片的 3D 打印服装，有专门的 App，你可以把身体扫描文件发过去，然后选择自己喜欢的样式，私人定制可以 3D 打印的服装设计。

虽然现在开发的 3D 打印服装在质地柔软度方面还比不上传统方法做出的面料，不过这也丝毫不影响我们快乐起来。比如，你喜欢某个篮球明星，一直很遗憾没有他的球衣，现在你不就可以 3D 打印了吗？你想要湖人队 24 号科比的球衣，你就可以 3D 打印一件。你想要火箭队 11 号姚明的球衣，你就如法炮制。想到这儿，作为铁杆球迷的你是不是高兴得快要泪奔了？

第 17 节　3D 打印与摄影

照片变成艺术摆件了

我们现在拍的照片是平面的，或者说是二维的。美国加州理工学院已经研究出一种成像芯片，如果在我们的智能手机中安装这种芯片，我们在拍照时就可以有三维的视觉感受，当我们按下快门后手机就会生成所拍内容的三维数据，然后我们就可以用 3D 打印机打印出立体感十足的三维照片。

想想看吧，以后的照片哪儿还叫照片呢？我们现在是把照片收集在相册或相框里，以后我们就要把照片摆放在书桌上或书柜里，照片俨然成了纪念品或艺术品。

公之于众的宝物

这年头儿新鲜事物不断涌现，令人目不暇接，又令人欣喜不断。3D 打印和机器人的概念在如火如荼地铺开时，虚拟现实的概念也像雨后春笋般地出现了，而且其势头也丝毫不弱。

感觉看虚拟现实就好像是看电影，只不过看得更为真切，犹如身临其境，置身其中。冰岛有一个专门做虚拟现实内容的公司，其中的一位创始人名叫普乐，他特别喜欢高科技的东西，3D 打印技术当然逃不过他的慧眼。由于在大学攻读的是工程学，他有良好的技术背景，得益于此，他自己设计了立体全角度 VR（虚拟现实）照相机，而且还用 3D 打印技术把这个宝贝做了出来。

这个照相机非同一般，它可以把 360 度全角范围的内容同时进行拍摄。比如，学校在举行运动会，操场的每个部位进行着不同的比赛项目，此时如果你拥有一个这般宝物，就能把运动会中同时进行的所有赛事项目一股脑儿全部拍摄、记录下来，最后你不会被选做学校小记者才怪，听起来心里都痒痒吧？

好消息来了，普乐已经公开了这个立体照相机的设计方案，今后任何人都可以通过 3D 打印机做出一个这样的 360 度立体 VR 照相机。试想一下，当你拥有了这样一个 VR 照相机后，是不是很感谢普乐，很想看看普乐和他的伙伴们创作的虚拟现实场景呢？也许普乐在利人的同时也利己，算是赠人玫瑰手有余香吧！

第 18 节　3D 打印与电影

还以为是庆丰包子呢

大家知道美国动画片《通灵男孩诺曼》吗？这是一部定格动画电影，但是它不同于通常的定格动画电影，因为它在制作过程中使用了 3D 打印技术。

定格动画就是把木偶的举动一帧一帧地拍下来，最后形成一个动作。通常面部表情是用黏土手工雕刻而成。但是在《通灵男孩诺曼》中，制片人用了 4 台 3D 打印机，这 4 台 3D 打印机也成了这部动画片的剧组成员。这些 3D 打印机为小主人公诺曼打印了 8800 张不同的脸，如果把这些脸进行不同组合，就能产生 150 个不同的面部表情。想想看，诺曼会有多么丰富

的表情啊！可是如果完全靠手工来雕刻这些脸，那会多费事儿。

在制作诺曼的脸谱时，所用材料有可供 3D 打印机使用的粉末、液体树脂、超强胶水。4 台 3D 打印机中的一台有多个喷头，当它在粉末上打印时，这些喷头可以把液体树脂喷到打印出来的一层层材质上，液体树脂可以产生不同的色彩。打印完成时，你以为看到的是刚从烤箱出来的糕点，或者是刚做好的一屉庆丰包子呢，其实那就是诺曼的一张张脸谱。最后，这一张张脸谱被浸入超强胶水中加固，同时这个过程也会使脸上的色彩栩栩如生。这样，诺曼的 8800 张不同的脸就完成了。为了方便使用，剧组人员把它们保存在类似保鲜盒的容器中，并贴上编码，以方便查找使用。

第 19 节　3D 打印与物流

💡 物流也"疯狂"起来

宅男宅女网上购物

我们现在都喜欢网上购物，因为我们不用出家门，宅在家里上网就可以选择并购买喜欢的东西。但是，如果换个角度来看，淘宝、亚马逊、京东等网络销售商最担心的就是它们能不能在最快的时间内安全地送货上门，也就是它们的物流速度和质量。如果订货很快送到了消费者手中但是在路上摔瘪了，或者东西是完好的却花了很长时间才到，估计没有哪个消费者会喜欢这样的网上购物。

与时俱进的网购公司

既然新技术就是要改善生活，那么 3D 打印技术能帮上什么忙吗？一些网购公司已经开始打起了 3D 打印的算盘。

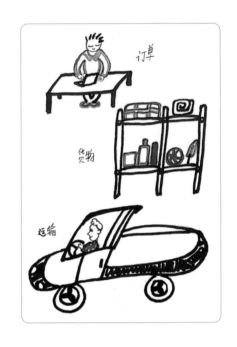

亚马逊已考虑用 3D 打印技术来改善自己的物流。怎么做呢？亚马逊是如此这般考虑的：消费者还是像以前那样，在亚马逊网上订购货物，亚马逊会在尽可能多的地方布置 3D 打印设备，打印指令会发给离消费者最近的 3D 打印机，打印完成后送货。最有趣的是，亚马逊正在考虑直接在送货卡车上安放 3D 打印机，打印指令当然是发给离消费者最近的那辆卡车上的 3D 打印机，这样消费者订购的物品一经打完，卡车司机立马就可以送货上门了，连搬东西上卡车的过程都省了，只要到达时卸货就可以了，省了不少中间环节。这有点像打车软件，你发出叫车指令后，就会有离你较近且预计来得较快的出租车应答，最后你就可以原地不动，很快坐上车。

男女搭配，干活不累

这是不是说明，设备越聪明，人就越不累？当然聪明的设备是需要聪明的人脑来设计制造出来的，然后再被聪明的人大加应用。类似亚马逊那样的聪明网络销售商在物流中使用聪明的 3D 打印技术后，我们是不是可以这样预见一下，以后在路上长途飞奔送货的卡车会越来越少，城市雾霾也该减少，交通事故也会少了吧？其实在我们展开遐想的翅膀憧憬 3D 打印的未来时，亚马逊已经开始行动了，亚马逊的卡车已经把 3D 打印出来的订单货物妥妥地送到了消费者手中。

第 20 节　3D 打印与建筑

不用打地基挖大坑了

阿拉伯联合酋长国非常重视用最新的技术来改善人民的生活。2015 年，该国公布了一项重要建筑计划，准备建造世界上第一个可使用的 3D 打印办公建筑，这是阿联酋 "未来博物馆" 项目的第一步。这项行动会使阿联酋在建筑设计和建造方面成为全球技术中心。

这个计划中的建筑将会出现在迪拜，占地 2000 平方英尺，也就是大约 186 平米，将由一个高约 6 米的 3D 打印机来一层层打印，最后把不同的 3D 打印模块组装起来，整个工程耗时也就几个星期而已。此外，建筑的内部家具和组件也都用 3D 打印。

专家说用 3D 打印建筑所花费的时间比通常方法要节省 50% 到 70%，人工成本能降低 50% 到 80%，还能节省 30% 到 60% 的建筑材料。这多好呀！又省时间又省钱。

有幸的是，这次阿联酋是与一家中国的 3D 打印公司合作，而这个公司已经在上海 3D 打印了一栋 6 层公寓楼。看来，中国在 3D 打印领域也不甘落后，外国也看重咱们中国企业的实力。

现代土屋令天下寒士欢颜

地球是人类的家园，可这个家园还存在不少问题，比如说贫困，全球还有很多人没有房子栖身。有什么办法吗？3D 打印技术已经为人们做了不少事情，能再为无奈的人们带

来希望的曙光吗？

2016 年，位于西班牙巴塞罗那的凯特罗尼亚高级建筑研究院开发了一种使用土壤来 3D 打印建筑物的方法，并积极寻求商业合作来把这个方法变成现实。至于大众苍生关心的成本问题，此法成本约为 1000 美元。知道这个数目后，人们除了含泪而笑外，是否可以隐约看到未来的美丽人生呢？

此法可圈可点之处就在于是就地取材，使用 96% 的本地土壤和 4% 的添加剂，添加剂可以与不同地区的土壤配合。土壤本来就有其建筑优势，而且使用当地土壤还可以省去耗时、耗力、耗钱的长途运输。用土造屋早已有之，现代人又回归此法，不过这次是有技术含量的高级回归，建造的是现代土屋。

想当年，杜甫悲切疾呼"安得广厦千万间，大庇天下寒士尽欢颜"，没想到千年问题的答案竟然在 3D 打印。不免又想到人类的火星计划，当人类到达火星后，是否也可以使用火星土壤来 3D 打印火星土屋呢？

第 21 节　3D 打印与生活

💡 没抽完的雪茄

希望你没有抽过烟，人人都知道吸烟有害健康。不过，还是想问，你见过雪茄吗？英国前首相丘吉尔就特别喜欢雪茄，尽管他有很大名头，两任英国首相、诺贝尔文学奖得主、历史上掌握英语单词数量最多的人之一、世界最有说服力的大演说家之一、大学校长，可他给人们留下的印象总是手持雪茄。据说他一生共抽掉了 25 万根雪茄，是不是都可以进入世界吉尼斯纪录了？

有个外国小伙儿也是个雪茄迷，他发现美美地抽掉一根雪茄大约需要一个小时，可惜的是，一般没人能在一个小时里不做其他事情而专注抽雪茄，经常是抽着抽着就有事情了，只好把剩下的大半截雪茄掐了，这可太浪费了。于是这个小伙子设计出了一种烟灰缸，可以把没抽完的雪茄熄灭并且保存起来以备有空时再继续抽。有意思的是，他与美国一个名叫 J–CAD 的公司合作，使用 3D 打印技术来做这种烟灰缸。这种烟灰缸的内部有几个叶片，可以使雪茄烟头因缺氧而熄灭，同时还可以保存雪茄。3D 打印制作这个烟灰缸只需要 22 个小时。

据预测，这个烟灰缸在美国会销路不错，因为美国的邻居古巴生产雪茄，原本这两个国家关系紧张，老死不相往来，可在 2014 年这两个国家终于改善了紧绷的关系，接下来美国会大量进口古巴雪茄，美国抽雪茄的人会多起来，他们在吞云吐雾时一定会对这种雪茄烟灰缸感兴趣的。

💡 又舒服又不贵的轮椅

背包客的发现

有个英国姑娘叫瓦拉赫，她曾经在英国的政府机构工作，后来在英国的三个慈善基金会担任董事的职位。瓦拉赫不仅有爱心，而且还善于观察。她曾经当背包客，去东南亚和印度旅游。在旅游过程中，她发现这些地方有很多残疾人，他们使用的轮椅不贴合身体实际情况，所以用起来别别扭扭，非常不舒服。于是，瓦拉赫就有了一个想法，一个伟大计划，那就是她要让每一个坐轮椅的人都能有舒舒服服的轮椅，能够提高生活质量。

为梦想而行动

任何伟大的理想都需要付诸行动才能变成伟大的成就。瓦拉赫当然也不例外。自从有了自己的伟大计划后，她就忙活起来了。她要成立自己的团队，还要查找资料。最后她为公司找的地方还不错。大家都知道英国在 2012 年举办了奥运会，奥运会结束后一些场馆就可以空出来供其他用途。瓦拉赫就是在伦敦东部找了这样的地方开始了自己的伟大梦想，开始了为伟大梦想的冲刺。不仅如此，瓦拉赫还搜集资料，发现按照世界卫生组织的统计，全球有 6500 万人在日常生活中离不开轮椅。看来瓦拉赫的梦想是一个能惠及众人的伟大想法。

不断改进

为了实现梦想，瓦拉赫选择了 3D 打印技术。她建了一个网络资料库，专门收集免费的 3D 轮椅设计方案，有需要的人可以从这个库里选择适合自己的轮椅设计，然后找个 3D 打印机打印出来就可以使用了。不过很快，瓦拉赫发现即便这样做还是有问题，那就是现有的轮椅设计未必能适合每一个人的具体情况。经过思考和尝试，瓦拉赫团队设计了一种轮椅框架，是用一些管子组合在一起做成的，这些管子可以根据需要进行裁剪，就好比如果你买的裤子长了可以把裤腿剪短一样，此外这些管子都有一些 3D 打印的接口。这种设计的好处是，人们可以根据自己的情况来改造这种轮椅结构，直到适合自己为止，而且价格不算太贵，大约 300 美元。

美好期待

瓦拉赫的爱心和努力不仅可以帮助残疾人，还能不断扩大创客队伍，大家集思广益，共同设计更完美的轮椅。我们期待瓦拉赫能够越来越成功，也期待着 3D 打印技术能成就越来越多的瓦拉赫。

第 22 节　3D 打印与盲人

每当我们看到残疾人时，一定会觉得还是健康人好，健康就是福啊。健康人能轻而易举做的很多事情，残疾人很难做到或者要花大气力才能做到。

举个简单例子吧，人们怀旧时可以拿出老照片，一边看一边沉思一边回忆，老照片把我们带到了过去。可是盲人怎么办呢？他们无法看到照片，摸着照片也不知道上面是什么。他们只能触摸当下，触摸现实中的人和物。对于过去，他们只能靠记忆了，如果记忆力好，就能回想过去的经历，如果记忆力不好了，那么过去的经历也就跟着模糊了。再比如，健康人去旅游，可以到处驻足观看，到处拍照，可是对于盲人来说，他们能去触摸埃菲尔铁塔、自由女神像或者雅典神庙吗？

如果说正常人的生活是个丰富多彩的多棱镜，那么盲人的世界好像缺少了几面，不仅生活艰难而且还缺少了一些乐趣。有什么办法吗？也许 3D 打印技术能向盲人施以援手，弥补他们残缺不全的生活。

触摸过去

意大利有对情侣，他们的故事中就有 3D 打印的身影。女孩子名叫米奇，快要做新娘了，可因为是盲人，她不知道未婚夫小时候长得什么样。还是她的未婚夫多米尼克脑子比较灵，他想到用 3D 打印技术来做一个特别的订婚礼物。

他翻箱倒柜，终于把自己五个月大时候拍的照片翻了出来，好久没看了，现在看看，觉得自己小时候还挺可爱。他也变得迫不及待，想让未婚妻"过目"一下。于是，他找人对照片进行数字化处理。可惜的是，这张照片和多米尼克一样大，已经有 40 个年头了，太老了，分辨率过低，无法数字化处理。这可急坏了多米尼克。好在目前有一款非常先进的三维设计软件，借助这个软件，一个五个月大的多米尼克的 3D 设计模型就横空出世了，最后还用 3D 打印机做了出来。现在，每当多米尼克出差不在家时，米奇就会拿出 3D 打印版的小多米尼克，抚摸好一阵儿，久久"注视"，打发寂寞思念的时光。

成年后

触觉"看"到了细节

同样的方法也可以帮助盲人触摸世界奇观。如果有 3D 打印的世界各地建筑，他们就可以足不出户，触摸古今中外。也许某天，你的盲人朋友在触摸把玩 3D 打印的埃菲尔铁塔后，会告诉你埃菲尔铁塔共有 3 层，儒勒·凡尔纳餐厅在铁塔二楼，58 号餐厅在铁塔一楼，此时的你除了张大嘴外，可能还会感到惭愧。自己还不如盲人朋友观察得仔细，自己是亲身去过埃菲尔铁塔的，怎么就没看得那么真切呢，难道视觉还不如触觉"看"得多吗？看来我们不能小瞧盲人，只要能让他们使用触觉，也许他们"看到"的比我们还要多很多呢。这就好像阿基米德所说的，给你一个支点，你就可以撬动地球。盲人的触觉是很神威的。

第 23 节　3D 打印与沟通

一提到沟通交流，大家首先就会想到用嘴说话或者是用手写字画画。其实用 3D 打印也照样可以实现沟通交流，而且效果说不定是我们的嘴巴和手还比不上的呢。是不是感到有些奇怪？听听下面这个故事就会明白。

对付懒老板

热面孔贴到了老板的冷屁股

一个加拿大小伙在刚开始闯荡事业的时候，像其他意气风发的年轻人一样，工作认真卖力。有一次，他完成了一份长达 10 页的产品建议书，那可是他投入了时间和精力完成的。他满怀期待地交给老板，然后就每天等着老板的回音。等啊等啊，几个星期过去了，老板都没有找他，真的是泥牛入海，他感到好失望。好在这个加拿大小伙生性乐观，他不死心，想了想，终于想出了个妙招。

该出手时就出手

这天，他走进老板的办公室，手里拿着一样东西，老板一看到这东西眼睛就放亮了，而且老板还赶快把小伙子带到了更大的老板面前，结果不出一个星期，小伙子的产品项目就获得了批准。

你一定很好奇，小伙子用了什么锦囊妙计？告诉你吧，其实就是用 3D 打印做出了产品模型。有时候即使员工认真工作，提出书面建议，但是也可能老板没有时间看长篇大论，或者压根就不想花时间看。小伙子的老板就是这副"德行"，小伙最后被逼无奈，索性就用 3D 打印把产品模型做出来，直接摆到老板面前，没想到这次沟通异常顺畅。这次经历使小伙子意识到触觉和视觉在交流沟通中的作用，意识到 3D 打印就可以具有这种强大的沟通能力。

还是自己当老板吧

这个加拿大小伙后来与 4 名同学一起开办了名叫"马赛克制造"的公司。他们先是在一次创新比赛中获得了第一名，于是决定用赢得的奖金来创业，随即就开办了这家公司，专门开发彩色 3D 打印技术。他们意识到色彩可以进一步加强 3D 打印的沟通效果，打印结果可以更接近五彩斑斓的现实生活。

💡 让颜色来说话

医生给病人做手术前可以 3D 打印出病人的问题器官，然后观察并练习。如果使用彩色 3D 打印，用不同的颜色对大血管和病灶分别进行标注，那么原本一个需要通过嘴说或手写来沟通的复杂手术问题，就变得简单明了，手到擒来。有了彩色 3D 打印提供的触觉和视觉效果，沟通过程可以简化，可沟通结果却更为有效、更为准确。艺术家、设计师、医生和工程师一定会非常喜欢彩色 3D 打印技术，也许他们以后可以不用动嘴皮子，也不用动笔杆子，只需一个彩色 3D 打印的模型就搞定了一切。

第 24 节　3D 打印与宣传

💡 先进技术无法逆转逝去的生命

现在电视上经常播放有关动物保护的公益广告，有那么多动物是我们没有见过也无法见到的，因为它们已经灭绝，还有许多动物我们也将无法见到，因为所剩无几濒临灭绝，很多情况下背后的黑手就是作为高级动物的人类。人类对动物非法偷猎和残杀，对环境破坏和污染，这些行为导致许多动物更快地灭绝了。人因为贪婪和暴虐变成了动物的"灭绝师太"。

但有多少人看到这些公益广告会心有触动，或者即使心有触动，最终能有所行动呢？大多数人会感觉动物的福利与己毫不相干，或者感觉无奈，就选择忘记，然后继续按部就班地生活。记得看有关日本屠杀海豚的纪录片《海豚湾》时，我们会非常震惊，但最后也就各自回归各自的生活轨迹。对于动物保护问题，人们忘得太快、忘得太容易。

怎样才能更好地唤醒人们对动物保护的意识呢？2016 年，国际动物福利基金会做出了新的宣传广告画，画面很是震撼。

基金会与一家 3D 打印公司合作，这可不是向人们展示 3D 打印技术如何制作动物，不是为了炫耀 3D 打印技术威力无比。这次合作的成果是制作了 3 幅宣传图片。从图片中我们只能看到大象、鲸鱼和猩猩一半的身体。就因为是没有完成的 3D 打印作品，我们得以看到动物身体里血淋淋的部分。

这些图片绝不是让大家羡慕 3D 打印多有本事，连动物内脏结构都可以栩栩如生地打印出来。相反，这些图片是想告诉人们，无论 3D 打印技术有多先进，无论人类再继续开发出哪些更加先进的技术，我们对于逝去的生命都是无奈的，生命是不可替代、不可逆转的，灭绝的动物是无法重生。每个图片下方都标注有文字"如果他们能很容易重生"。这些图片和文字是想唤醒人类的良知，传递爱护动物生命的信息。先进的技术无法使灭绝的动物获得重生，人们唯有团结起来，共同打击非法盗猎残害动物的行为，共同保护地球环境。

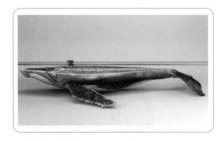

顺便介绍一下国际动物福利基金会。基金会位于美国马赛诸塞州，致力于保护动物的福利，无论是一只猫、一只狗，还是海豚或鲸鱼，基金会都会施以救助。这次，基金会期待通过先进的 3D 打印技术来唤起人们沉睡的良知，教育人们保护动物，告知天下，拯救动物也是拯救人类。

第 25 节　3D 打印与 4D 打印

💡 变形金刚何时来

3D 打印技术在全球的发展如此迅速，以至于已经有人开始研究 4D 打印了。现在开发的 4D 打印还仅仅是利用 3D 打印的层层打印方法，但是由于使用的材料特别，最终的成品可以在不同温度下发生变形，成为另一种东西，并因此具有不同的功能。这听上去是不是像在说变形金刚？其实说白了，4D 打印就是要像变形金刚那样。看看吧，材料如果特别的话，竟然能把原本的科幻变成现实，我们可以再次领略 3D 打印材料对于 3D 打印技术的意义，开发新材料就能进一步拓展 3D 打印的应用范围。

我们还是来看看目前人们是怎样实现 4D 打印的吧。

澳大利亚的作法

澳大利亚卧龙岗大学的教授和博士组成了一个研究小组，他们找到了一种方法，可以用 3D 打印机把几种材料同时打印在一起。具体有哪些材料呢？水凝胶、异丙基丙烯酰胺凝胶（PNIPAAm）和褐藻酸盐。水凝胶是由 PNIPAAm 和褐藻酸盐交错的网络构成。褐藻酸盐是海草和藻类中的一种藻酸盐，可以用作食物的增稠剂。PNIPAAm 是由两张聚合物网络交错构成，当一张网出现裂痕时，另一张网接着起作用。当温度变化时，PNIPAAm 的体积也会发生很大变化。研究人员把 PNIPAAm 和传统材料组合在一起，使得物品结构能够发生较快的线型运动，从而实现 4D 变形的效果。

美国的作法

美国哈佛大学的研究人员也在开发 4D 打印，经过努力，最终从大自然得到了灵感。通过观察植物的须、叶子和花对外界的反应，研究人员尝试使用纤维素和水凝胶来 3D 打印可发生变形的结构。

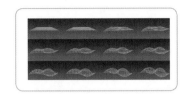

他们把坚硬的纤维素植入柔软的水凝胶，这种水凝胶遇水会发生膨胀。研究人员可以控制纤维素的伸展方向，进而通过纤维素的伸展方向来控制整个结构遇水时的膨胀方式，也就是说，纤维素的伸展方式决定了整个结构的变形方式。最终这个 3D 打印的结构遇水后发生了 4D 变形，例如松果形、马鞍形、水纹形和螺旋形，还可以变出兰花或马蹄莲的形状。

研究人员发现如果把遇水变化的水凝胶换成遇光、热或酸就变化的水凝胶，把纤维素换成导电棒，那就可以做出更复杂的 4D 打印结构。

也许你会觉得这挺好玩的，可哈佛大学的这些研究人员不是为了追求好玩来做这些尝试的，他们希望 4D 打印能更好造福人们。他们在实验室尝试在 4D 打印的结构里注入细胞，然后用来治疗伤口，还尝试开发智能 4D 打印材料，这种材料可以根据人体温度、湿度的改变来变换形状和透气性。

美好憧憬

目前 4D 打印还有一定局限，比如可使用的次数有限，因为变形会增加损耗。但是随着科技工作者的努力，我们今后一定能用上不断变形的 3D 打印物品，或者说是 4D 打印物品，它们能像孙悟空或者变形金刚一样变幻多端。会不会这样呢？当下雨时，它可以变成一把雨伞；当刮风时，它就变成一件风衣；夏天我们外出郊游时，它就变成一顶帐篷；当我们想洗脸时，它就变成一个大脸盆。也许有人会鼻子一哼说想得美，可是谁知道呢，人不就是因为有了憧憬才有了希望吗？

第 26 节　3D 打印与材料

我们已经知道，3D 打印机根据打印方法有不同类型，根据使用的材料也有不同类型。如果你学过化学和物理，就会知道同种材料在不同的情形下表现的特性也不同。在使用 3D 打印技术中会遇到的一个问题是，使用什么材料和什么 3D 打印机才可以做出具有期待外观和品质的东西。要充分利用 3D 打印技术，不是说你仅仅是个设计师就够了，还要懂得材料性能，是个材料专家才行。也就是说，会设计是一条腿，懂材料是另一条腿，你要有这两条腿，才能真正纵横在 3D 打印世界里。

💡 新材料脱颖而出

"伏都制造"是位于美国纽约的 3D 打印公司，2016 年开发了一种新材料，即可弯曲的热塑聚氨脂，简称 TPU。在材料科学里，TPU 是介于橡胶和塑料之间的一种材料，可以呈现各种弯曲度，有很好的拉伸力，不容易断，而且还容易循环使用，不会破坏环境。

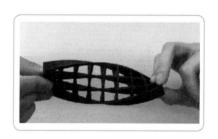

这种材料听起来的确不错，感觉如果什么东西需要有弯曲功能，那就可以用 TPU 来制作。比如说汽车和医疗行业使用的垫圈和软管、救生艇、服装和鞋子等等。似乎我们距离穿上更加优雅舒适的 3D 打印服饰越来越近了。又似乎，如果再出现泰坦尼克号事件，大家就不用因为船上没有足够的救生艇而着急了，只要船上配备 3D 打印机和 TPU 材料，在断电前开足马力临时打印救生艇就行了。

保密的材料

随着工业发展，人们被环境污染和气候变化所困扰，逐渐意识到保护环境有多重要。科学家们已经尝试开发了许多方法来生产清洁能源，接下来的一个问题就是如何用有效的方式来储存这些清洁能源呢？

科学家们发现，石墨烯比金属更加导电，能增加电池和电容器储存电荷的能力。英国顶尖学府曼彻斯特城市大学的研究人员已经开始研究如何用石墨烯来 3D 打印电池、电容器和其他物品。一旦成功，这样的电池或电容器就能储存更多电，更长时间为我们服务，这可是件大好事。不过，无论是使用石墨烯还是混合了银纳米颗粒的有机硅来 3D 打印电器产品，材料成本都很高，所以做出的电器产品也很难在实际中普及应用。

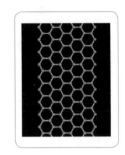

如何降低 3D 打印电器的成本呢？现在，一个名叫 Kickstarter 的美国公司找到了解决办法。这个公司使用了一种金属，导电性能比现有材料好，价格低廉。这种金属材料的电阻率低于每厘米 1 欧姆，价格是每克约 32 美分。虽然石墨的电阻率是每厘米 0.001 欧姆，但是它很贵。其他一些导电材料价格会低至每克 15 美分，但电阻率会达到每厘米 10000 欧姆或更高，导电性能就差多了。

金属材料种类繁多，这么好的金属材料到底是哪一种呢？很可惜，由于 Kickstarter 公司目前对这种材料的化学性能保密，所以只把它命名为"F 电"。公司已经用 F 电 3D 打印出了很多产品，包括也许不太让你吃惊的 LED 钥匙链和一定会让你为之一振的电磁悬浮器。

3D 打印 + 纳米技术

在介绍 3D 打印与人工智能部分，我们就可以看到开发人工智能需要许多技术齐头并进，没有 3D 打印就很难精细做出人脑结构，没有纳米分子制造技术也就无法实现人造神经元。当这些不同的技术都万事俱备时，人工智能技术才会水到渠成。技术与技术的结合，就会向人们展示意想不到的天地。

第 27 节　3D 打印与物理

 才华莫问年龄

2014 年，美国大学生黑兰参加了未来工程师 3D 太空工具设计比赛，没想到一举成功。他设计的多功能精密维修工具从上百个参赛作品中脱颖而出，2015 年 1 月入选国际空间站打印作品名单。黑兰设计的维修工具有不同尺寸的扳手、用来测量电线的精密测量仪和单面剥线器。

英雄不问出处，其实黑兰就是阿拉巴马大学工程专业二年级的一名普通大学生，可是他对太空探索和太空旅行非常着迷，对太空的痴迷驱使他参加了比赛，而比赛又使他的才华得以展露。

> 未来工程师 3D 太空工具设计比赛由美国宇航局和美国机械工程师基金会协会共同举办，目的是激发学生的想象力和动手实践能力，促使学生利用 3D 建模软件设计可在国际空间站使用的工具，激励学生创新创造。这是一个学以致用的比赛，纸上谈兵行不通。

激动人心的日子终于来了。2016 年 6 月，黑兰受邀来到美国宇航局的马歇尔太空飞行中心，而他的 3D 设计方案早已被上传到了国际空间站。在飞行中心里，黑兰见证了空间站的航天员如何使用 3D 打印设备来制作自己设计的工具，而且还与远在天边的航天员进行了交流，这就好像当年航天员杨利伟与地面指挥台交谈一样。这可不是谁都能有的宝贵机会，相信这个特殊经历会更加坚定黑兰勇于科学探索和实践的决心，也许哪一天他就成长为一颗璀璨的未来科技之星呢。

科学家们早就开始尝试 3D 打印电器了。最初是 3D 打印电路板，然后把事先做好的发光二极管（LED）安装上去。而现在连 LED 也能 3D 打印了。

美国普林斯顿大学的研究人员经过努力，已经做出了 3D 打印的量子点 LED。他们先是用了 6 个多月的时间，花了 2 万多美元，造出了一台 3D 打印机，然后在这台机器上安放了 5 种不同材料供打印使用。

他们打印出的量子点 LED 的底层是由银纳米颗粒构成的，这可以使 LED 连接到电路上。底层上面是两层高分子化合物，它们可以把电流推到上面一层，也就是量子点所处的位置。量子点就是纳米级半导体晶体，普林斯顿大学研究人员用的是包裹在硫化锌壳中的硒化镉纳米颗粒。当受到电子击打时，这些纳米颗粒会发出橘红色或绿色的光，改变这些颗粒的大小就可以改变光的颜色。顶层是普通的镓铟合金，能引导电子离开 LED。可以看出这 5 层是由不同材料构成的，由下往上打印，最后造出可以使用的量子点 LED。

整个过程听起来实在是太专业了，专业的物理知识和专业的材料知识。不过，对于把中学物理知识都已经还给老师的人来说，还是可以感受到这个过程的逻辑，朴素而有趣的逻辑顺序。用通俗易懂的话来说，通电、导电、发光、散光，不就是这 4 个步骤融在了从下到上的 5 层材料里吗？或者说，这 5 层材料从下到上依次实现了这 4 个步骤。一旦我们用简单的逻辑搞明白了一个专业的问题时，是不是感觉学习还是挺有趣的事情呢？我们需要找到有趣的方法让自己爱上学习，让自己有效地学习。

第 28 节   3D 打印 + 虚拟现实

虚拟太空旅游能改变世界观吗

一个公司一个伟大的计划

2015 年，一家公司在美国旧金山成立了。其实在美国成立公司很容易，每天有许多公司成立，每天又有不少公司倒闭。现在聊聊这家公司，就是因为它有一个宏伟大胆的发展计划。这个公司正在大量投资开发它的太空计划。它的太空计划与美国国家航空航天局（NASA）的计划是不一样的，它不是要把航天员送上太空。它与荷兰一家公司推出的有去无回的火星旅游计划也不同，那家荷兰公司是注册在一个民居里的只有一个雇员的公司，它的太空计划被证明是个骗局，而美国这个公司是通过实实在在开发技术来逐步实现计划的，它不做"肉包子打狗"的事。

这个美国公司的太空计划到底是怎样的呢？简单来说，就是在太阳系布置众多 VR 照相机，以此来捕捉太空镜头。具体来说就是，这家公司要给每个卫星都安装 VR 照相机，这样一来，随着卫星的移动，VR 照相机就可以捕捉到太空的画面。

VR 照相机

在这个计划中，VR 照相机是主角。目前，这家公司也正在自主开发卫星照相机，叫作"太空 VR 全览 1 号"。开发成功后，这个照相机会被运送到国际空间站，照相机的一些部件将直接在国际空间站通过 3D 打印方式做出。目前国际空间站已经在使用一家名为"太空制造"公司的 3D 打印机了，今后空间站的 3D 打印机就会在站里打印 VR 相机的外壳，最后由航天员直接在空

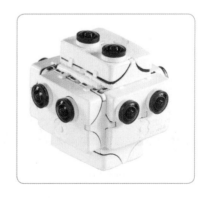

间站组装并投入使用。

目前这家公司在照相机上只安装两个传感器，可以捕捉 24 000 个片段。开始只是二维图片，今后可以改成三维图片。以后随着继续投入，会安装更多的传感器，这样就可以直接捕捉三维画面。

有科学价值的计划

这家公司计划在太阳系中建立一个 VR 照相机网络，实现对整个太阳系的拍摄。也许你很好奇，为什么要这样做？这样做有什么意义吗？首先，这样做有巨大的太空科学研究意义，太空 VR 照相机可以通过卫星的运动捕捉到银河系最远地方的画像，并把这些数据和信息传给科学家，而以前科学家们是无论如何也无法接触到这些数据信息的，这会使科学研究如虎添翼，不知道又将会有什么重大发现呢。

有崇高目标的计划

此外，捕捉太空画像的意义还要从这个公司的一项计划说起。这家公司计划在 2017 年开启太空旅游项目。既然不是每个人都能上天来亲身经历太空旅游，那么就可以让 VR 相机上天，帮助每个人都有机会进行虚拟太空旅游。公司 CEO 期待虚拟太空旅游能为人们认识这个世界打开一扇新的窗口，希望引起人们对地球的尊重，能改变人们对相互之间关系的看法。

我们不得不说这个公司有着非常崇高的目标。当今的地球陷于诸多困境，如气候变化问题、战争问题、贫困问题、难民问题等等，而地球上的许多居民又错误地看待这些问题，认为这些问题与自己毫不相干。据说，航天员在经历了太空旅行，从外太空审视地球后，就会重新审视自己的世界观。也许我们可以期待虚拟太空旅游能带给人们心灵的触动，能开启人们广博的胸怀。

💡 还在扫描实物吗？试试扫描空间吧

通常所说的 3D 扫描是对物体或人体等实物进行扫描。那么空间能被扫描吗？比如，你很喜欢苏州园林景观，你可以 3D 扫描其中的山石花木和廊桥亭台，但是眼前的整个景观可以三维扫描吗？

这里就要说说经常让人们脑洞大开的美国谷歌公司。它开发了一种名叫"Tango"的 3D 扫描方式，就能对空间进行扫描和建模，它可以像眼睛一样捕捉扫描周遭环境，然后再基于扫描数据建立 3D 模型。

Tango 简单而强大。它的构成部件很简单，两个后背摄像头、一个进深感应器和两个视觉处理器。后背摄像头一个只有 400 万像素，另一个用于运动感知。Tango 的能耐就在于它能每秒钟进行 25 万多次的测量，可以随时更新位置和方向数据，通过这些数据对周围环境建立 3D 模型。

市场经济就是相互竞争，但也少不了强强联手。2016 年，中国的联想公司推出了新款智能手机，里面就内置了谷歌的 Tango 装置。为了提升画面效果，联想使用了 1600 万像素摄像头和其他三个摄像头，采用了 IPS（平面转换）显示屏，屏幕分辨率达到 2560×1440，还使用了先进的骁龙 652 处理器。这款手机很快会在美国开始销售，售价 499 美元。接下来，谷歌和联想计划推出使用 Tango 的 App 软件，到时候空间扫描技术就更可以大显身手了，其中当然少不了把空间扫描与虚拟现实结合起来，在虚拟现实中植入 3D 扫描的真实场景，最终把虚拟现实变成增强现实。

第 29 节　3D 打印 + 语音识别 + 翻译技术

当猫语翻译成英语时

从马语者能到猫语者吗

你看过美国电影《马语者》吗？男主人公能够听懂马的语言，而且还能用一种特有语言与马交流。能听懂动物语言的人一定是奇人了，因为动物之间都未必能够互相理解和交流。现在城市里越来越多的人开始养宠物，大家都训练自己的宠物，宠物们或多或少也能听懂主人或简单或复杂的指令，可是主人能听懂宠物的语言吗？主人也一定想听懂吧！

蛮诱惑的想法

听起来是不是像开玩笑？天方夜谭嘛。可是这个事情真的快要成为现实了。2015 年，就有这样的"好事者"在英国成立了一个实验室，他们着迷于这个想法，渴望开发一项技术来实现这个看似有点荒唐的想法。他们给实验室起名"诱惑实验室"，的确是充满诱惑。

猫语话匣子

"诱惑实验室"的创办人当初就是因为看到了很多人和自己的宠物猫或狗说话，宠物也许听懂了主人的一些语言，但主人却不理解宠物的语言，于是他就想开发一种设备能够把猫语翻译成英语。现在实验室已开发出了一个猫语话匣子，这是一个 3D 打印出来的项圈，通过 Wifi 和蓝牙连接到一个应用程序，程序首先解密猫的声音，然后再把猫语转化成英语，最后再把翻译出来的猫语朗读出来。

使用这种话匣子一定非常有趣。主人可以选择男声、女声、美式英语、英式英语等来听翻译后的猫语。如果你选择上层社会英式英语，那么当你给宠物猫一把食物时，它也许会很高傲地用标准英式英语问你有没有洗手。如果哪天你在外玩野了，很晚才回家，也许到家后宠物猫会发出女孩子的尖细声音，像女朋友一样，对你一通抱怨，直到说得你无地自容，恨不得摘了那项圈。不过，如果能有柔情似水或幽默可爱的宠物猫，也许对于空巢独居老人和体弱多病的人就会是好陪伴，它们那甜蜜蜜的猫语翻译成人话后，一定让人听得舒服，怎一个"爽"字了得。

技术叠加会带来人猫对话吗

你注意到了吗？这个猫语话匣子除了使用 3D 打印技术外，还使用了 Wifi 和蓝牙技术、语音识别技术以及猫语的翻译技术。估计如果要想在中国使用这款话匣子，还需要增加英语翻译成中文的技术。

　　想想看，3D 打印技术与其他技术相加就能做出这么有趣的东西，难怪现在到处都看到"互联网 +"呢。技术与技术的碰撞可以使我们的生活更加绚丽多姿。如果这款猫语话匣子能再增加把人话翻译成猫语的技术，那就可以实现人与猫的对话，一边是人说话，一边是猫喵喵叫，主人和宠物聊得不亦乐乎，抑或吵翻了天，可能是宠物猫满嘴脏话，说讨厌你，你也反唇相讥，与猫较上了劲儿。

第 30 节　3D 打印 + 全息技术

开会啦，全息视频会议

　　再来说些专业词汇。可弯曲有机发光二极管，听说过吗？它包括一个可弯曲的塑料底层，上面安装电致有机半导体。所谓电致有机半导体就是一种导电材料。用可弯曲有机发光二极管所做的屏幕可以弯曲，可以卷起来。闭上眼睛遐想一下，我们以后的手机是否会像孙悟空手中的金箍棒那样，孙悟空不需要金箍棒时就把它缩小成一根绣花针放到耳朵里，我们不用手机时就把它卷起来往口袋里一放，需要时就把它给抖出来。

　　闲言少叙，这里是想告诉大家加拿大女王大学的科学家们研究的最新科技成果。随着可弯曲有机发光二极管的开发应用，女王大学的研究人员开发了一种可以用在安卓平台的全息技术，并因此做出了一款智能手机，名字叫"Holoflex"，姑且叫作"全息弯曲"智能手机吧。手机屏表面排列了 16 000 个鱼眼透镜，都是用 3D 打印出来的。

鱼眼镜头是一种广角镜头，前镜片直径很短且呈抛物状向镜头前部凸出，与鱼的眼睛颇为相似，摄影视角力求达到或超出人眼所能看到的范围。

"全息弯曲"智能手机可以供几个人同时一起欣赏 3D 视频和影像，而且完全不需要戴头罩或者 3D 眼镜。当你旋转手机，手机就为你呈现 3D 画面。更为称奇的是，如果你弯曲手机，就能移动屏幕上的 3D 物品。这对于 3D 设计来说的确是个好消息，3D 设计人员可以通过智能手机展示的全息图像来观察自己设计的模型并进行改进，直到满意后才 3D 打印出来，省时、省力、省钱。

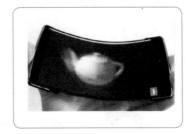

这种智能手机一定能使人们的交流变得更加有趣。也许用不了多久，美国探索太空的科幻片中的场景都会一一在我们身边发生。比如说，远在不同地方的人们可以用手机进行全息视频会议，会议中当你弯曲手机显示屏时，其他参会人员的身影就从屏幕中跳了出来，当你要向其中某人发问时，他可能就会转过身来对着你洗耳恭听。这听起来简直像是童话，可你确实不得不做好准备，因为今后你每天不仅需要周旋在家人和同事之间，还要周旋在一堆全息身影之中。忐忑，还是欣喜？拭目以待吧！

需要补充的是，这款拥有全息弯曲技术的智能手机是加拿大女王大学研究人员在 2016 年 5 月才发布的，他们获得了加拿大一家公司和加拿大自然科学与工程研究委员会的支持。相信随着科研人员的不断努力，许多科幻都要逐渐成为现实了。也许以后，当我们回头再看从前的科幻片时，都会感觉那些太小儿科了。

第3章

对3D打印的评价

第 1 节　3D 打印技术有什么优点

我们现在已经知道了 3D 打印技术在一些领域的神奇应用，从中你能不能总结出 3D 打印技术比传统工厂生产有哪些优越性呢？也许我们可以为 3D 打印开列一个军功状。军功状如下。

军功状

鉴于 3D 打印技术有（包括但不限于）如下军功：

- 激发创造力
- 开拓想象力
- 整体化生产
- 精细化制造
- 个性化满足
- 用途广泛
- 节约时间
- 节约材料
- 节约金钱

兹决定要对其好好利用，大加使用，建议青少年朋友们也开始对其培养兴趣，以后成为科技栋梁。

颁奖人：3D 打印爱好者

第 2 节　3D 打印技术有什么问题

虽说有上述军功状，但也不是说 3D 打印技术没有问题。大概这世上还没有什么十全十美的东西吧！

规模局限问题

对于制造结构复杂或个性化的物品，3D 打印技术比现在的工厂加工生产或手工制作有无可比拟的优越性。但是对于大批量生产结构简单的东西，3D 打印技术还不能取代工厂的大规模生产，所以目前 3D 打印在工业应用上还有局限性。简单地打个比方，如果现在要加工生产一大批普通杯子，那用 3D 打印就不如工厂加工。对于 3D 打印来说，经济学家大谈特谈的规模效应理论就此失灵了。

规模效应是指当产量达到一定水平后，销售收入大于生产成本，企业就开始赚钱。比如，乘公交比打出租要便宜，就是因为公交车供很多人乘坐，大家共同分摊了成本，每个乘客都因此省钱，公交车就如同企业生产的规模效应。

美国一家著名的 3D 打印公司在 2015 年年初裁减了 20% 的工作人员，并且关闭了三家零售商店。现在 3D 打印技术开展得如火如荼，这家公司为什么要这样做呢？目前 3D 打印技术在规模生产上的局限会不会是其背后的部分原因呢？你可以想想看，如果你用 3D 打印机设计出一个十分精巧的物件，有 100 万人都喜欢、都想拥有，可是你的 3D 打印机不能大批量生产来满足市场需求，而传统的工厂生产方式又做不出来这么精巧的东西，那最终 3D 打印机只能满足一己之需或少数人的需求。

社会安全问题

　　如果大家关心新闻，就知道现在欧洲地区不是很太平，恐怖分子防不胜防，不是俄罗斯的民航飞机被炸毁，就是巴黎的人口密集区被枪声笼罩。人们现在担心，有了 3D 打印设备，恐怖分子就不用携带枪支奔赴某个地方，而是可以在目的地打印出枪支来，这样就完全躲避了警察锐利的目光。这对社会可太危险了。怎么办呢？丹麦有个公司设计了一款软件，可以识别打印的内容是否为武器，如果是的话，3D 打印机就罢工不工作了。这可真是一件好事。不过，从目前来看，这个软件也不能让我们百分百完全放心。因为只有 3D 打印机安装了这款软件才会拒绝打印武器，还有就是如果恐怖分子很聪明地把整个武器拆成几个不同的部件来分别打印，这个识别软件可能就晕菜了，就丧失了警惕性。看来怎样解决 3D 打印技术被坏分子利用的问题，还需要科学家和工程师们更多的努力。

知识产权问题

　　3D 打印技术使生产加工变得容易，这也会被社会上的寄生虫盯上。他们可以通过 3D 打印机轻松打印出别人受知识产权保护的产品，然后谋取不当利益。比如说，你发明了一种烟灰缸，可以熄灭并储存未抽完的雪茄，你获得了专利，可以在市场上出售这种烟灰缸来赚钱。可是有人看到 3D 打印这种烟灰缸非常容易，于是就打印出来，而且卖的价钱比你的还低，大家都去买他的了，你的就卖不动了。这个人利用 3D 打印技术很容易就侵犯了你的专利权。你最后只能和他谈判，实在不行还要诉诸法律，多么烦心啊！

　　欧洲已经开始考虑与 3D 打印有关的知识产权问题了，并且制订了一个解决方案，但是因为利用 3D 打印侵犯知识产权是一个新问题，欧洲各国认为许多法律概念需要厘清，许多使用方式需要区分，所以现在这个解决方案还没有通过。这也的确是个问题，还记得我们在本书开头介绍的一些假设吗？你羡慕同伴拥有的玩具，就可以通过 3D 打印做出一个一模一样的玩具，按照欧洲解决方案中的法律逻辑，这算不算侵犯知识产权呢？其实欧洲的解决方案即使以后获得通过，也要看它是否能科学地解决未来出现的与 3D 打印有关的各种知识产权官司。

产品标准问题

　　每个国家都有产品标准，一些产品还有国际标准。例如，为了保护人体健康，我们国家对食品容器或包装材料都规定了标准。但是如果我们 3D 打印出一个漂亮的喝水杯，我们能用这个杯子喝水吗？另外，3D 打印的房子符合建筑安全标准吗？3D 打印的巧克力符合食品添加剂标准吗？3D 打印的玩具符合安全标准吗？随着 3D 打印产品的不断涌现，这类标准问题也不容忽视。

环境保护问题

　　虽然说与传统制造相比，3D 打印技术在制造产品的过程中耗材要少很多，这会减少对环境的破坏，但是随着 3D 打印机和打印材料越来越便宜，人们可以随心所欲地打印自己想要的物品，这个样式不喜欢了，就换个样式打印，那么以后 3D 打印造成的垃圾同样会越来越多，如果使用的材料不能生物降解，对环境的破坏也同样严重。怎么办呢？一方面，科学家们会不断研究开发新的可降解材料和可循环使用的材料，另一方面，也许今后会需要新的法律，要求大家在使用 3D 打印技术时应如何保护环境。

制造业流出问题

由于中国的平均工资水平比欧美等国家低，长久以来，欧洲和美国等发达国家在中国制造他们需要的产品，这就是为什么我们在国外可以到处看到标着"中国制造"的产品。当然中国制造业也解决了很多中国人的就业问题。

现在 3D 打印技术被广泛应用了，欧洲和美国看到了 3D 打印技术带来的机会，他们可以用 3D 打印机取代工人来生产加工，他们就逐渐不需要在中国制造了。这样一来，一些制造业就要从中国回流到欧洲和美国了。真是几家欢喜几家忧，3D 打印技术给欧洲和美国带来了高效率、低成本的制造业，而中国的一些制造业从业人员会逐渐失去工作。

看来，中国的经济需要向知识型、技术型转变，"中国制造"需要变成"中国设计"和"中国创造"。其实，已经有一些国家开始关注经济转型问题了。例如，斯洛文尼亚的经济严重依赖制造业，为了向知识型经济转变，2015 年开始，在小学开设特别课程，小学生就要学习简单的 Java 编程，等到九年级时就进入到安卓编程。

就业问题

随着 3D 打印技术应用的范围和程度不断拓展，原本需要人来完成的工作就直接交给 3D 打印机了，尤其是一些需要消耗体力的活儿。有了比人更精确、更任劳任怨的 3D 打印，房子就不用建筑工人盖了，货物就不用长途司机运送了，巧克力就不用糖果师做了，汽车就不用工人生产了……

那么多的行业都不再需要人的体力付出了，节省出来的人员何去何从呢？他们接下来怎样挣钱谋生呢？这是科技进步给就业带来的挑战。能想到的是，今后的人们更加需要依靠脑力来生存了，既然"蓝领"已经被 3D 打印和机器人取代了，人只能毫无选择地去做"白领"了，那就做最强大脑吧。

对青少年朋友的期待

　　大家听说过"授人以鱼不如授人以渔"这句话吧，就是说把鱼给你，还不如教你怎样捕鱼。别人给你的鱼是有限的，你总会吃完的，但是如果你自己学会捕鱼，就可以有源源不断的鱼吃了。掌握 3D 打印技术就是学会一种捕鱼方法，有了它，你就可以造出自己想要的东西了。

　　青少年是有梦想的。3D 打印技术应用广泛，可以帮助你实现不同的梦想，设计家、艺术家、医生、工程师、科学家、企业家、军事家、发明家……这简直就无法全部列出来。青少年朋友们要好好学习各门知识，开动脑筋，以后用 3D 打印技术来把我们的生活变得更加美好、更加多姿多彩，营造出一个 3D 打印的缤纷世界。

　　目前美国和德国在 3D 打印技术领域处于领先地位，美国更是把 3D 打印技术视为未来发展的大趋势，并投入上亿美元来推进这一技术的开发和应用。我们国家的青少年朋友也要好好学习，以后长大了能在 3D 打印技术等创新科学领域有所成就，使我们国家的科技也处于世界领先水平。

　　要充分利用 3D 打印技术，不是说仅仅会设计就行了，需要掌握的知识还很多。以后各个国家在 3D 打印技术上的差异，不只体现在看谁能设计出有用的新产品和新玩意，还要看谁能开发出新式有用材料和能使用新式材料的新型 3D 打印机，更要看谁能解决 3D 打印技术的瓶颈问题，例如规模局限问题和社会安全问题等。只要你对 3D 打印等高科技感兴趣，你就会有学习它的动力。只要你努力，你就能在 3D 打印技术的广阔无边世界里展示你的聪明智慧，实现你自身的价值，并造福社会。

图片来源说明